CULTURE

DU

PÊCHER EN ESPALIER

PLANTATION, TAILLE ET DIRECTION

DÉMONTRÉES PAR 125 FIGURES

PAR

Edmond COUTURIER

de l'*Agriculture nouvelle*,
Ancien Arboriculteur à Montreuil,
Membre du Congrès pomologique de France de 1855,
Ex-Dessinateur et Directeur général des Parcs de S. A. le vice-roi d'Égypte,
Six fois Lauréat de la Société centrale d'Horticulture de France,
Exposition universelle 1855; Médaille d'or.

NOUVELLE ÉDITION

PÊCHE GALANDE

PARIS

LIBRAIRIE CENTRALE D'AGRICULTURE ET DE JARDINAGE

RUE DES ÉCOLES, 62, PRÈS LE MUSÉE DE CLUNY

— Auguste GOIN, Éditeur —

CULTURE

DU

PÊCHER EN ESPALIER

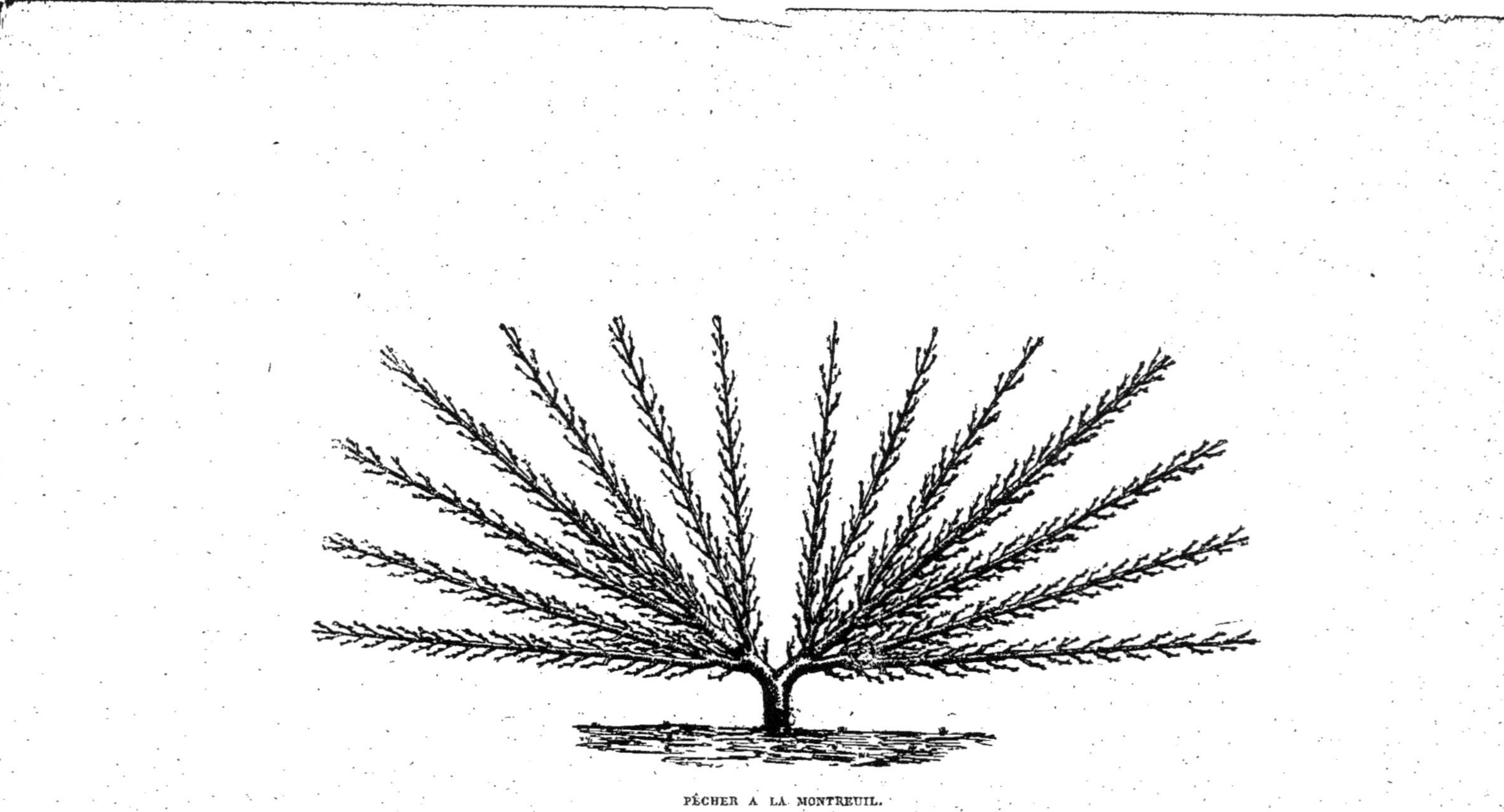

PÊCHER A LA MONTREUIL.

CULTURE

DU

PÊCHER EN ESPALIER

PLANTATION, TAILLE ET DIRECTION

DÉMONTRÉES PAR **125** FIGURES

DESSINÉES ET ACCOMPAGNÉES D'UN TEXTE DESCRIPTIF

PAR

Edmond COUTURIER

de l'*Agriculture nouvelle*,
Ancien Arboriculteur à Montreuil,
Membre du Congrès pomologique de France de 1855,
Ex-Dessinateur et Directeur général des Parcs de S. A. le vice-roi d'Égypte,
Six fois Lauréat de la Société centrale d'Horticulture de France.
Exposition universelle 1855, Médaille d'or.

DEUXIÈME ÉDITION

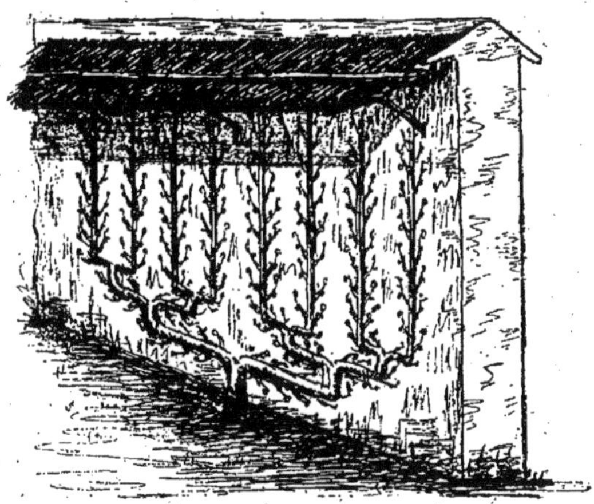

PÊCHER FORME ÉQUILIBRANTE

PARIS

LIBRAIRIE CENTRALE D'AGRICULTURE ET DE JARDINAGE

RUE DES ÉCOLES, 62, PRÈS LE MUSÉE DE CLUNY

— Auguste GOIN, Éditeur —

Au Lecteur

Nous ne voulons pas écrire un ouvrage ; nous transcrivons seulement les conseils souvent donnés à des amis qui s'adressaient à nous, enfant de Montreuil, et qui, satisfaits de nos explications, nous ont engagé à les publier.

Laissant donc aux savants le côté scientifique à décrire, nous ne nous occupons que du côté pratique, abrégeant le plus possible les explications, afin de ne pas embrouiller l'amateur ou l'élève.

De nombreuses planches, avec texte explicatif, simplifient encore nos descriptions, que nous divisons en quatre parties :

La première comprend : les NOTIONS PRÉLIMINAIRES ;

La deuxième — : les OPÉRATIONS DIVERSES ;

La troisième — : la FORMATION DES ARBRES ET L'APPRÉCIATION DES FORMES ;

La quatrième — : les SOINS, LES MALADIES, LES INSECTES ET LES ANIMAUX NUISIBLES.

Nous croyons devoir ajouter que M. GOIN, notre éditeur et ami, a donné tous les soins minutieux et les conseils que sa grande expérience lui a suggérés, pour que la confection de l'ouvrage puisse répondre entièrement au désir de l'amateur.

AVANT-PROPOS

Le Pêcher (*Persica vulgaris*) est probablement originaire de l'Asie centrale et de la Chine ; mais, comme c'est de la Perse qu'il a été implanté en Europe, on le considère comme originaire de cette contrée.

C'est donc un arbre plus méridional que septentrional, et ce n'est que grâce à la culture en espalier qu'on est parvenu à l'acclimater très avantageusement dans une grande partie de la France.

De là, deux genres de culture.

Dans le Sud, Sud-Est et Sud-Ouest, il vient bien en plein vent ; mais dans le Centre, le Nord-Est et Nord-Ouest, il exige les murs, les abris, c'est-à-dire la culture en espalier. Dans les trois premières régions, on peut pratiquer aussi l'espalier, toutefois en évitant les expositions brûlantes, comme celles du Midi. Pour moi, sous cette latitude, je conseille plutôt la culture en contre-espalier où la chaleur est moindre. Bref, soit en espalier, soit en plein vent, et suivant les espèces et suivant les contrées, on le cultive presque partout en France. En plein vent, on cultive l'Alberge dans la Côte-d'Or, la Pêche jaune de Bordeaux dans le Bordelais et l'Agenais, la Pêche de Turenne et l'Amsden dans le Lyonnais, la Pêche de Tullins dans le Dauphiné, la Persèque et la Pavie dans la Dordogne et les Pyrénées. La Grosse-Mignonne est cultivée à Hyères.

En espalier, on peut cultiver toutes les espèces, toutes les variétés, dont le nombre à présent dépasse la *centaine*.

Je ne cite pas ce chiffre comme un progrès réel, pas plus pour le Pêcher que pour les autres arbres, car, depuis longtemps déjà, je trouve qu'on multiplie beaucoup trop les variétés ; on semble les délayer ; et, sur une, par hasard, qui reste remarquable, on en conserve vingt qui sont plus que médiocres. On nuance les espèces comme si c'étaient des fleurs. On ne les connaît plus, et entre deux variétés, souvent, il n'y a pas plus de différence qu'entre certains fruits venus sur le même arbre.

Cette multiplicité n'est souvent que le résultat d'une question d'amour-propre. Pour avoir un produit auquel on donne son nom, le nom d'une amie ou d'un grand personnage, on met dans le commerce une nouveauté médiocre, ou qui ne diffère pas assez de ce qui existe déjà.

On devrait réagir contre un abus semblable qui ne fait qu'embrouiller l'amateur dans son choix. Vingt ou trente variétés sont plus que suffisantes pour avoir des Pêches pendant toute la saison. Qu'on choisisse les meilleures et qu'on délaisse les autres.

PREMIÈRE PARTIE

NOTIONS PRÉLIMINAIRES

§ 1er. — Terrain.

§ 2. — Exposition.

§ 3. — Murs.

§ 4. — Abris.

§ 5. — Outils.

§ 6. — Espèces à cultiver.

§ 7. — Formes à donner.

§ 8. — Choix des arbres.

PREMIÈRE PARTIE

§ 1. -- TERRAIN

Le Pêcher vient dans tous les terrains, la glaise exceptée.

Choisir de préférence un sol riche en calcaire, ni trop léger, ni trop humide.

Le planter greffé sur prunier dans les terrains humides, sur amandier dans les autres.

Améliorer les terrains légers en y mélangeant des terres substantielles, et les terrains compacts par un mélange proportionné de terreau et de sable.

§ 2. — EXPOSITIONS

Les meilleures sont celles de l'est et du sud-est.

Puis après, celles de l'ouest et du sud-ouest.

Enfin celle du sud, qui est un peu brûlante, mais bonne pour les espèces tardives et les hâtives.

Quant à l'exposition du nord, elle est plus médiocre.

§ 3. — MURS

Les orienter, quand on peut, du nord au sud.
Hauteur 2^m,50 à 3 mètres.
Les crépir en plâtre pour le palissage à la loque.

FIG. 1. — Jardin de Montreuil. — Murs orientés du nord au sud.

Les surmonter d'un chaperon de 0^m,12 à 0^m,15 de saillie.
Ce chaperon est fait en plâtre ou en tuiles.
Les garnir d'un treillage quand ils ne sont pas crépis.
Augmenter alors la saillie du chaperon de l'épaisseur du treillage.

§ 4. — ABRIS

Au printemps, du commencement de février à fin d'avril, ajouter au chaperon, dans les expositions du sud, sud-est, ouest et sud-ouest, des auvents en planche ou en paille.
Ces auvents ont 0^m,35 ou 0^m,40 de largeur, sur 3 mètres de longueur.

Ils servent à garantir les yeux de pousse que le soleil pourrait brûler, si ses rayons les atteignaient, quand ils sont imprégnés de l'eau glacée des giboulées.

Dans les localités froides où l'on craint la gelée lors de la

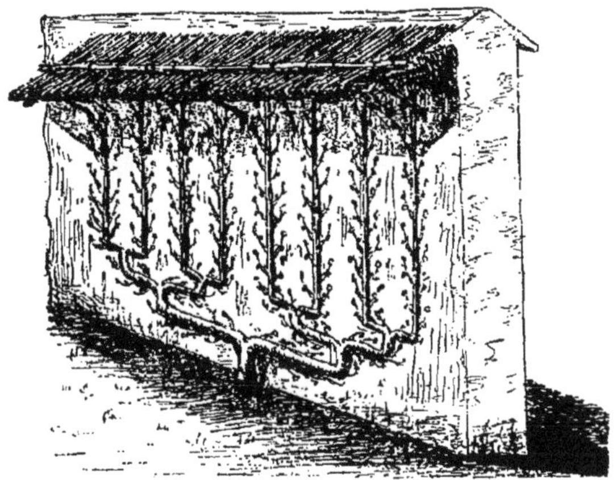

FIG. 2. — Partie d'espalier avec auvent.

floraison, on garantit les fleurs en plaçant perpendiculairement, à $0^m,60$ en avant des espaliers, de la toile à coller, ayant de $1^m,50$ à 2 mètres de hauteur.

Ces toiles, qui ne privent les arbres ni d'air ni de lumière, suffisent pour les préserver de la gelée.

§ 5. — OUTILS

PREMIÈRE SÉRIE

Pour la direction du Pêcher on emploie :

La *Serpette*, *fig.* 3; — le *Sécateur*, *fig.* 4 et 5; — le *Greffoir*, *fig.* 6 ; — l'*Égohine* ou *Scie à main*, *fig.* 7 ; — le *Marteau*, *fig.* 8 ; — le *Panier à palisser*, *fig.* 11 ; — les *Clous*, *fig.* 10 ; — les *Loques*, *fig.* 9.

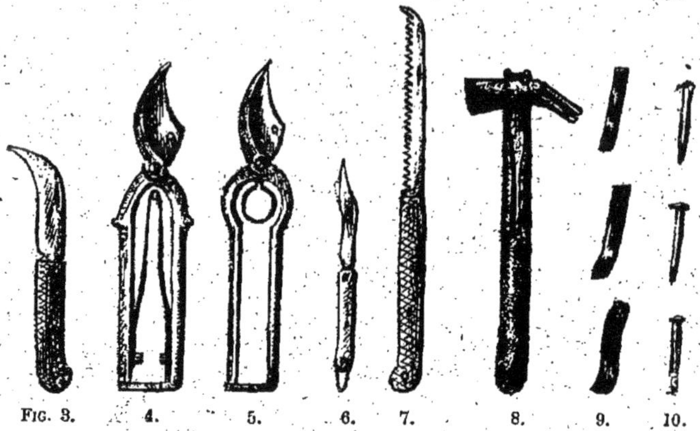

Fig. 3.   4.   5.   6.   7.   8.   9.   10.

La Serpette est l'outil par excellence pour la taille, en raison de sa coupe, qui ne laisse aucune meurtrissure.

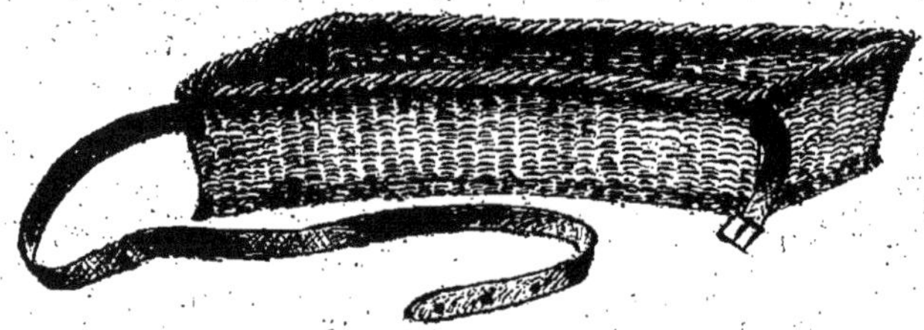

Fig. 11. — Panier à palisser.

S'en servir toujours dans les amputations sur la charpente, et pour enlever les déchirures de la scie.

S'en servir également pour couper les onglets et les pédoncules des fruits.

Le Sécateur est très utile pour la taille des petites branches,

où la meurtrissure qu'il laisse toujours n'a pas d'inconvénient.
Il est bien plus expéditif que la serpette.

Le GREFFOIR, comme l'indique son nom, sert à greffer.

L'ÉGOHINE, sert pour l'amputation des grosses branches.

Le MARTEAU et le PANIER A PALISSER servent au palissage et
au dépalissage.

Les CLOUS et les LOQUES servent à fixer les branches à la
place qu'elles doivent occuper.

DEUXIÈME SÉRIE

Dans la culture des jardins on se sert pour le terrain :

De la *Ratissoire, fig.* 12 ; — du *Crochet à dents pointues,
fig.* 13 ; — du *Hoyau, fig.* 14 ; — de la *Houe pleine, fig.* 15,
et de la *Houe à deux dents, fig.* 16.

La RATISSOIRE sert, comme l'indique son nom, pour les
ratissages et les binages.

FIG. 12.　　13.　　14.　　15.　　16.

Le CROCHET sert pour les labours des cotières, c'est-à-dire à
les béquiller.

Le HOYAU sert dans les plantations à défoncer le terrain
quand il est trop dur et à équarrir le fond des trous.

La HOUE PLEINE sert à faire les trous des plantations.

La HOUE A DEUX DENTS ne sert que dans les grands labours.

§ 6. — ESPÈCES A CULTIVER

**Tableau des meilleures espèces, par ordre de leur Maturité,
et Expositions qui leur conviennent.**

ESPÈCES	EXPOSITIONS			MATURITÉ
Amsden	—	Sud	—	Juin.
Alexander	—	Sud	—	Juillet.
Early Beatrix	—	Sud	—	Juillet.
Early Rivers	—	Sud	—	Juillet.
Grosse-Mignonne hâtive	Est	Sud	Ouest	Août.
Belle-de-Doué	Est	—	Ouest	Août.
Madelaine	Est	—	—	Août.
Malte	—	Sud	Ouest	Com. de Septembre.
Coulombier	Est	—	Ouest	Com. de Septembre.
Galande	Est	—	—	Septembre.
Belle-de-Vitry	Est	—	—	Septembre.
Belle-Beausse	Est	Sud	Ouest	Septembre.
Belle-Impériale	Est	—	Ouest	Septembre.
Reine-des-Vergers	Est	—	Ouest	Septembre.
Bonouvrier	Est	Sud	Ouest	Fin Septembre et Octobre.
Chevreuse Tardive	—	—	Ouest	Fin Septembre et Octobre.
Admirable jaune	—	Sud	Ouest	Fin Septembre et Octobre.
Lord Palmerston	—	Sud	—	Octobre.

§ 7. — FORMES A DONNER

On peut obtenir toutes les formes que le caprice ou le goût de l'amateur lui suggère ; mais les plus connues et les plus rationnelles sont :

1° **Cordons obliques** ;
2° **U simple** ;
3° **U double** ;
4° **Palmette simple** ;
5° **Palmette double** ;
6° **Palmettes en cordons croisés** ;
7° **Gril**, improprement nommé **Candélabre** ;
8° **Pêcher carré** ;
9° **Éventail** ou forme à la **Montreuil**.

Toutes ces formes sont connues.

Nous en conseillons deux nouvelles que nous nommons

l'une : Forme **Équilibrante** ;
l'autre : Forme **Armoriale**.

La première a été imaginée en 1869.

Je l'ai exécutée à Montreuil, chez moi, en 1878.

Elle a été reproduite par la photographie, en 1883, par la maison Yves et Barret, rue Thévenot, 6.

Quant à la forme armoriale, elle a été imaginée en 1850. C'est même en la voyant que M. Simon, propriétaire amateur à Crécy, a suggéré à M. Lepère l'idée de créer le *Napoléon* avec les huit cordons internes d'un candélabre déjà formé.

§ 8. — CHOIX DES ARBRES

Choisir dans les pépinières les sujets vigoureux, âgés de dix-huit mois et dont la greffe est à 0ᵐ,15 ou 0ᵐ,20 de terre, *fig*. 17.

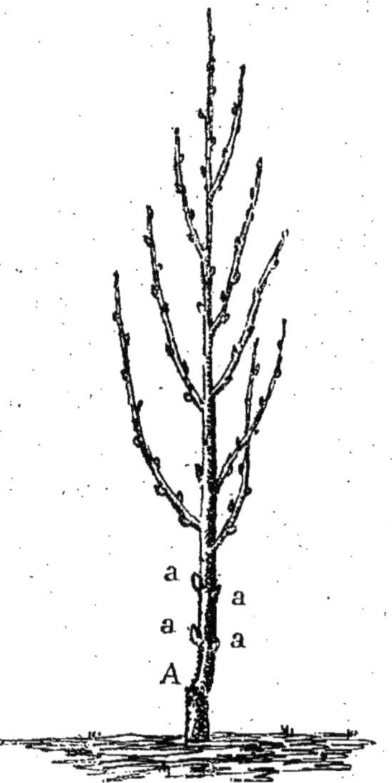

FIG. 17. — Sujet convenable.

Il faut qu'ils aient la tige droite, pourvue à la base de deux (au moins) ou de quatre yeux latéraux *a, a, a, a, fig*. 17.

Ils doivent aussi avoir l'écorce lisse, sans gomme, d'un vert clair, et rouge du côté du soleil.

Refuser toujours :

1° Les arbres de trente mois, c'est-à-dire des arbres rebottés en *a*, *fig*. 18 ;

2° Ceux dont les yeux de la base se sont développés, *fig*. 19 ;

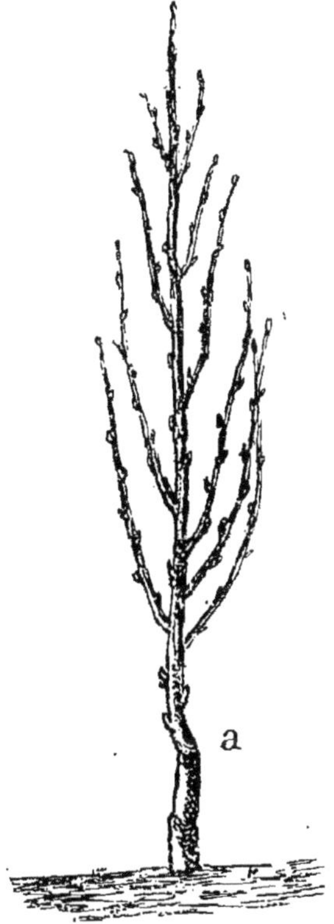

FIG. 18. — Arbre de trente mois.

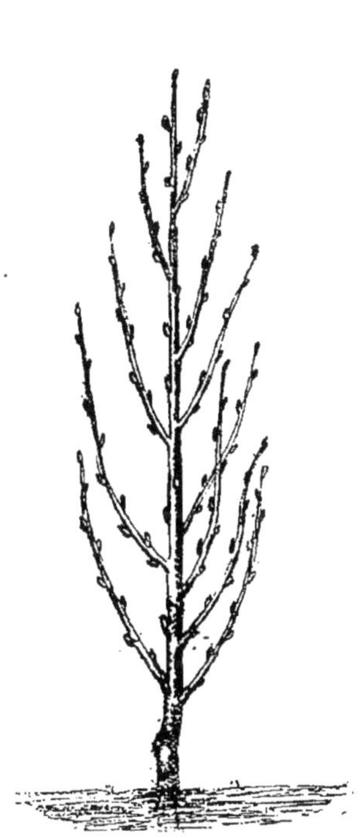

FIG. 19. — Arbre défectueux.

3° Ceux dont la tige est d'un rouge jaunâtre, indice certain d'un état maladif.

DEUXIÈME PARTIE

OPÉRATIONS DIVERSES

DEUXIÈME PARTIE

§ 1. — LA GREFFE

Il faut souvent recourir à la greffe pour obtenir des branches nécessaires, soit pour le remplacement, soit pour varier, multiplier ou changer les espèces qui existent sur les arbres déjà formés.

La greffe alors se fait en écusson à œil dormant, ou en approche.

1° Greffe en écusson.

Elle a lieu de fin juillet en septembre, suivant les années et les sujets.

La partie sur laquelle on pose les greffes et le rameau qui en fournit les yeux doivent être en pleine sève pour qu'on puisse soulever facilement l'écorce de l'une et détacher les yeux de l'autre.

Opérer par un beau temps, l'humidité étant contraire.

Choisir, *fig.* 20, le rameau A de l'année, dont les yeux sont
bien formés, et en couper les feuilles en *a*, soit à la moitié de
leurs pétioles.

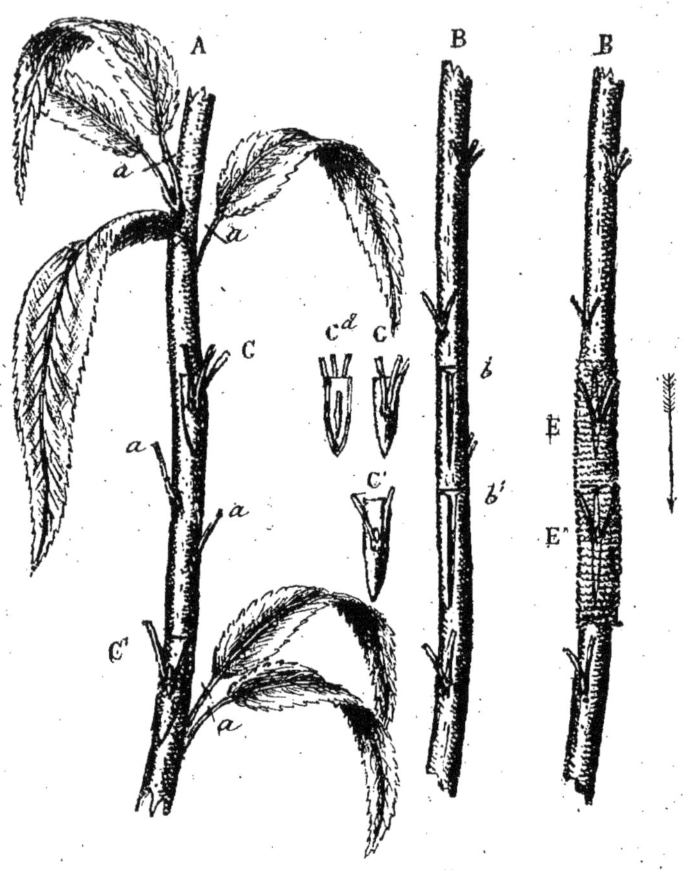

FIG. 20. — Rameau.   FIG. 21 ET 22. — Sujet.

Ensuite, faire avec le greffoir, sur le sujet B, *fig.* 21, à chacun des endroits *b*, *b'* qui doivent recevoir une greffe, une double incision formant T et allant jusqu'à l'aubier.

Enlever sur le rameau A les yeux C, C' avec l'écorce qui les entoure et qui forme écusson.

Puis retirer, avec la pointe du greffoir, l'aubier que l'on a pu enlever avec l'écorce, et s'assurer que le rudiment de l'œil de l'écusson C*d* est intact.

Alors on soulève avec la spatule du greffoir l'écorce des deux angles du T, *fig.* 21, pour y glisser aussitôt un des écussons C, qui, à l'exception de l'œil, y disparaît. Même opération pour l'écusson C'.

Enfin on ligature avec de la laine à greffer en commençant par le haut et en serrant plus au-dessus de l'œil qu'au-dessous, E, E', *fig.* 22.

La greffe est assurée si, trois semaines après, les pétioles tombent d'eux-mêmes ou en y touchant légèrement.

2° Greffe en approche.

Elle se pratique en juin et juillet.

On choisit, *fig.* 23, une petite branche A convenablement placée sur la branche charpentière B.

On lui enlève à peu près le tiers de son épaisseur dans la partie *a* qui doit s'appliquer sur la branche B qu'on veut greffer ; et, après avoir enlevé sur cette branche une partie *b* d'écorce, égale en longueur et en largeur à celle qu'on a enlevée sur la petite branche A, on les colle l'une sur l'autre et on ligature en E, *fig.* 24, page 26.

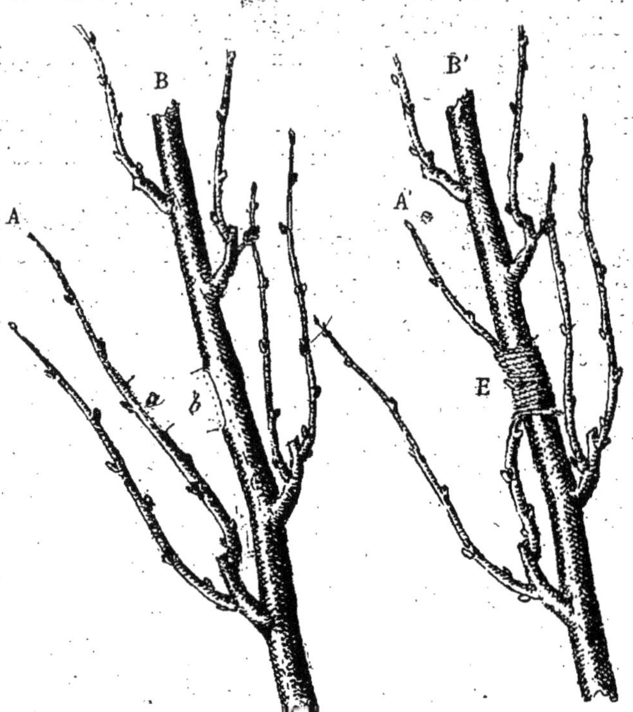

FIG. 23. — Avant la greffe.　　　FIG. 24. — Après.

§ 2. — PLANTATION

Planter le plus tôt possible, c'est-à-dire aussitôt après la chute des feuilles.

Dans les plantations neuves, défoncer le terrain sur une longueur de $1^m,50$ et sur une profondeur de $0^m,60$ à $0^m,80$, et, si c'est nécessaire, améliorer la terre comme il est dit page 11.

Dans les plantations partielles ou de remplacement, faire un trou de 1^m,50 de longueur sur 1^m,50 de largeur et 0^m,80 de profondeur, puis en renouveler la terre.

Ne pas faire les trous d'avance à cause des pluies qui, lorsqu'elles surviennent à ce moment, plombent la terre.

Après avoir rafraîchi avec la serpette les cassures et les meurtrissures des racines, on coupe la tige en a, *fig.* 25, à 0^m,15

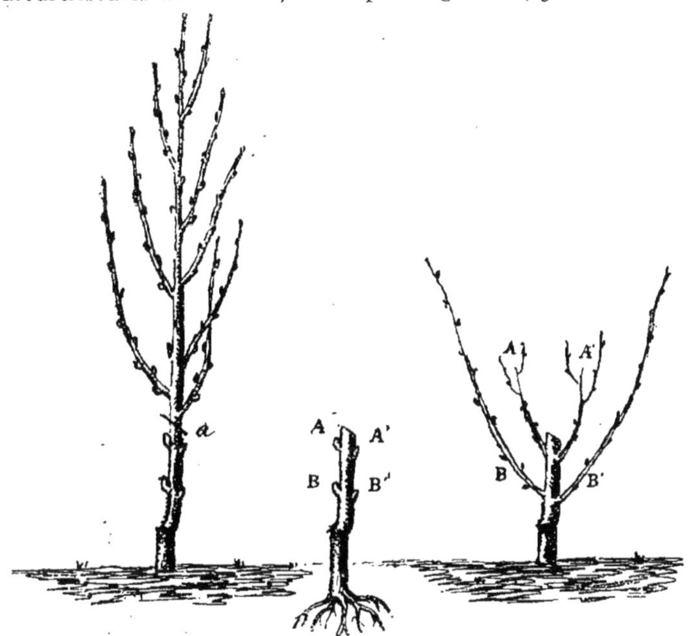

FIG. 25. — Arbre avant la taille.   FIG. 26. — Arbre prêt à planter.   FIG. 27. — Arbre poussant.

ou à 0^m,20 au-dessus de la greffe pour faire développer deux ou quatre des yeux latéraux de la tige rabattue, soient : *fig.* 26, les yeux A, A' et B, B'. Ces yeux se développeront comme on peut le voir, *fig.* 27.

Alors on place l'arbre A dans le trou B, *fig*. 28, la tête touchant au mur, et les racines aussi éloignées que possible.

Tourner la tige, la greffe en dessus, si faire se peut, mais avant tout de manière à ce que les yeux puissent se développer à droite et à gauche.

Ensuite, faire tomber légèrement la terre entre et sur les racines.

Bien les espacer entre elles ; en ménager surtout le chevelu,

FIG. 28. — Arbre placé dans la position voulue pour la plantation.

et éviter que du fumier ou des herbes se trouvent en contact avec elles, pour éviter la moisissure.

Quand elles sont bien recouvertes, combler entièrement le trou, et, après, appuyer légèrement du pied la terre, juste au-dessus des racines.

§ 3. — PALISSAGE

C'est la mise en scène de l'arbre.

Il se divise en trois opérations :

1° Le palissage en sec ;

2° Le palissage en vert ;

3° Le dépalissage.

Le palissage en sec se subdivise lui-même en deux parties :

1° Le dressage, qui est le palissage des branches charpentières ;

2° Le palissage proprement dit, qui est celui des petites branches.

Le palissage se fait à la loque ou au jonc.

A la loque, quand les murs sont en pierres tendres ou recouverts d'un crépis en plâtre de $0^m,015$ à $0^m,20$ d'épaisseur ;

Au jonc, quand ils sont garnis d'un treillage.

1° Palissage à la loque.

Le palissage à la loque est préférable, étant plus expéditif, et le travail en étant plus régulier et plus propre.

On se sert pour cette opération de clous carrés, en fer cassant, ayant $0^m,05$ à $0^m,06$ de long, et de loques en drap ayant $0^m,06$ à $0^m,10$ de longueur sur $0^m,02$ ou $0^m,03$ de largeur. *Voir les figures 9 et 10, page 14.*

Il faut aussi un marteau à panne fendue, qui sert à enfoncer et à arracher les clous, *fig. 8, page 14.*

Les clous et les loques sont contenus dans un panier spécial en osier, *fig. 11, page 14.*

Ce panier a 0^m,40 de long sur 0^m,20 de large et 0^m,15 de profondeur. Il s'attache à la taille avec une courroie, comme une cartouchière.

Ainsi armé, on prend, de la main gauche, une loque, en même temps qu'on saisit un clou avec le pouce et l'index de la main droite, dont les trois autres doigts tiennent déjà le marteau.

Alors, les trois premiers doigts de la main gauche entourent, avec la loque, la branche que l'on veut palisser et que l'on place à l'endroit qu'elle doit occuper sur le mur, *fig.* 29. On

FIG. 29. — Position des mains au moment de placer le clou.

applique aussitôt la pointe du clou sur les deux extrémités de la loque repliée sur elle-même, puis la main gauche le saisit à son tour, et la main droite l'abandonne pour l'enfoncer prestement en deux ou trois coups de marteau.

Laisser toujours à la branche assez d'espace dans la loque pour qu'elle ne soit pas étranglée.

Dans le dressage des branches charpentières, il n'est pas nécessaire que les loques les entourent. Ces branches sont forcément maintenues entre les clous qui, pour en redresser les sinuosités, font souvent pression. Il faut faire attention de placer ces clous de manière à ce qu'ils soient sur une de leurs parties plates le long des branches, et les garnir toujours d'une loque pliée formant coussin, afin d'éviter de meurtrir l'écorce, ce qui provoque la gomme.

2° Palissage au jonc.

C'est le jonc qui remplace les clous et les loques pour attacher les petites branches au treillage.

Pour les branches charpentières, l'osier remplace le jonc, qui n'est pas assez résistant.

Avoir toujours bien soin d'éviter les meurtrissures.

Dans les formes en cordons obliques, en éventail ou en carré, pour faciliter ce palissage et obtenir une plus grande régularité, on garnit le treillage de triples tringles dessinant la forme de l'arbre.

Les tringles du milieu, plus fortes que les autres, servent à palisser les branches charpentières, et les autres, qui sont à 10 centimètres d'écartement des premières, servent aux petites branches.

3° Palissage en sec.

Il a lieu aussitôt après la taille en sec.

On commence par le dressage qui consiste à faire prendre à l'arbre la forme voulue.

Il exige beaucoup de goût et de soin, car la beauté et la régularité du sujet dépendent de sa bonne exécution.

Le dressage se fait en allant de la naissance des branches à leur extrémité.

Quant au palissage des petites branches, que l'on commence au contraire par les extrémités pour finir à la naissance, il consiste à les fixer de chaque côté des branches charpentières, de manière à bien former l'arête de poisson.

4° **Palissage en vert.**

Il commence dès que les bourgeons ont besoin d'être attachés et se continue jusqu'à la fin d'août ; mais la grande opération se fait après l'ébourgeonnage.

On commence par bien dresser, pour le prolongement, le bourgeon de l'extrémité des branches charpentières.

Puis, en descendant, on palisse les autres bourgeons, en conservant entre eux un écartement assez régulier pour que le feuillage en soit également réparti.

On retire au fur et à mesure presque tous les clous du palissage en sec, n'en conservant que quelques-uns nécessaires au maintien et au prolongement des branches charpentières.

Un arbre bien palissé dissimule sa charpente.

Des bourgeons, passés sous d'autres, en la longeant, doivent la couvrir de leurs feuilles.

On évite de mettre plusieurs clous à un bourgeon, et, pour qu'il soit néanmoins appliqué sur le mur, on le saisit avec la loque dans sa courbe naturelle, on le retourne sur lui-même, puis on le secoue légèrement sur le mur, en lui imprimant un mouvement de droite à gauche.

Les feuilles ainsi ne sont pas enserrées entre le mur et le bourgeon, et reprennent facilement leur position naturelle.

Souvent, pour équilibrer la sève, on fait le palissage partiellement, en commençant par les parties les plus vigoureuses.

5° **Dépalissage.**

Il est indispensable pour faciliter les opérations de la taille, et pour surveiller et entretenir la propreté des arbres.

On retire donc, après la chute des feuilles, tous les clous ou les joncs des petites branches et une partie de ceux des branches

charpentières, ne laissant que les attaches strictement nécessaires au maintien des arbres.

On coupe les liens avec la serpette ou le sécateur, et on
arrache les clous à la main. Quand ils tiennent trop, on fait
levier avec la panne du marteau.

Éviter surtout, pendant l'opération, de froisser les branches.

§ 4. — LA TAILLE

Son but est de diriger l'arbre de manière à lui donner une
forme rationnelle, d'en favoriser le développement, et de lui
permettre, par la répartition équilibrée de la sève, de fournir
une production durable en la proportionnant à ses forces.

Avant d'en commencer les opérations, on doit toujours exa-
miner, très attentivement, l'arbre dans toutes ses parties, pour
choisir les branches ou les yeux sur lesquels on peut compter
pour le remplacement ; et, afin de choisir, pour la formation ou
le prolongement des branches charpentières, les yeux et les
petites branches convenables, on commence toujours par les
extrémités.

La TAILLE se divise en deux parties :

1° La TAILLE EN SEC, qu'on fait de janvier en avril ;

2° La TAILLE EN VERT, qui a lieu d'avril en septembre.

La taille en sec se divise elle-même en deux parties :

La taille des branches à bois et celle des branches à fruits.

La taille en vert, presque spéciale aux petites branches,
comprend trois opérations :

L'ÉBORGNAGE, le PINÇAGE, et l'ÉBOURGEONNAGE.

1° Taille des branches à bois.

Les branches à bois sont celles qui composent la charpente de l'arbre et qui portent les branches à fruits.

Leur taille constitue la formation du sujet. Elle est basée sur le principe de la végétation par lequel la sève se porte généralement vers les extrémités.

Elle consiste donc, en taillant immédiatement au-dessus des

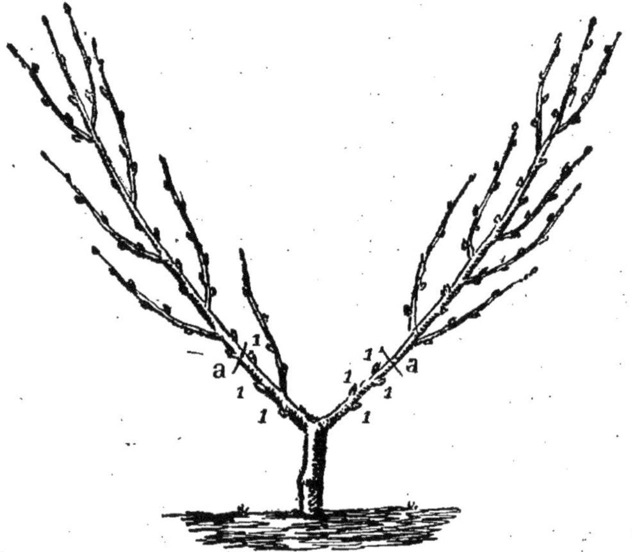

Fig. 30.

yeux qu'on veut faire développer, à les placer aux extrémités pour les rendre plus vigoureux.

Ainsi, on taille en *a* pour faire développer les yeux 1, 1, 1, 1, 1, 1, 1, *fig.* 30, et 2, 2, 2, 2, 2, 2, 2, *fig.* 31.

Après, on facilite le développement des bourgeons obtenus et on les équilibre entre eux.

L'équilibre s'établit en palissant d'abord les plus vigoureux ;
puis, s'il le faut, en les inclinant davantage ; quelquefois même
en en pinçant les extrémités.

Il y a sur les bourgeons des yeux qui se développent la même
année. On les nomme faux bourgeons. Les petites branches des
figures 30 et 31 sont presque toutes des faux bourgeons.

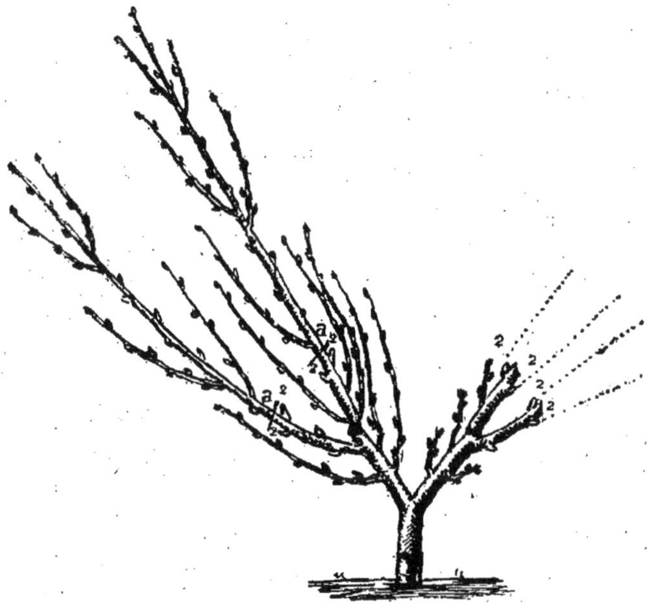

FIG. 31. — Côté gauche avant la taille ; côté droit après.

On détruit ceux qui sont en dessus et en dessous, en conservant ceux des côtés qui deviennent branches à fruits et
concourent à former l'arête de poisson.

Pour le prolongement des branches charpentières, on les
taille suivant leur force, de manière à ce que toutes les branches
à fruits, qui doivent garnir l'arête, puissent se développer.

Si on allongeait trop ces branches, les yeux inférieurs ne se développeraient pas.

2° Taille des branches à fruits.

Les branches à fruits sont toutes les petites branches destinées à la production.

Elles doivent être échelonnées de 0^m,10 à 0^m,15 de chaque côté des branches à bois et former, comme il a déjà été dit, l'arête de poisson.

Il faut les renouveler tous les ans, les fleurs dans le Pêcher n'existant que sur le bois de l'année.

Leur taille est la préparation de ce renouvellement et de la répartition raisonnée de la quantité de fruits qu'elles doivent produire.

Ces branches et les boutons dont elles sont pourvues sont extrêmement variés. Il est donc impossible de les classer en espèces ; leur forme, leur longueur et la disposition des boutons les rendent trop dissemblables.

Depuis le bouquet de mai, ou cochonnet, qui n'a que 0^m,02 à 0^m,03 de long jusqu'à la branche appelée gourmand, qui atteint parfois 1^m,50, les branches passent par toutes les grosseurs et toutes les longueurs.

Même dans un arbre bien conduit, quoique paraissant régulières, elles sont encore très variées, surtout dans leur longueur qui est d'ordinaire de 0^m,20 à 0^m,60.

Les boutons qui les garnissent sont tantôt simples, tantôt doubles ou triples.

Les boutons simples sont à bois ou à fruit, A, A', *fig.* 32.

Les boutons doubles ou simples sont aussi à bois ou à fruit, B, C, ou à bois et à fruit en même temps, B', B'', C', *fig.* 32.

S'il y a souvent des boutons triples à bois, on en rencontre rarement qui soient complètement à fruit. Presque toujours le bouton triple se compose de deux boutons à fruit entre lesquels se trouve un bouton à bois, C', *fig.* 32.

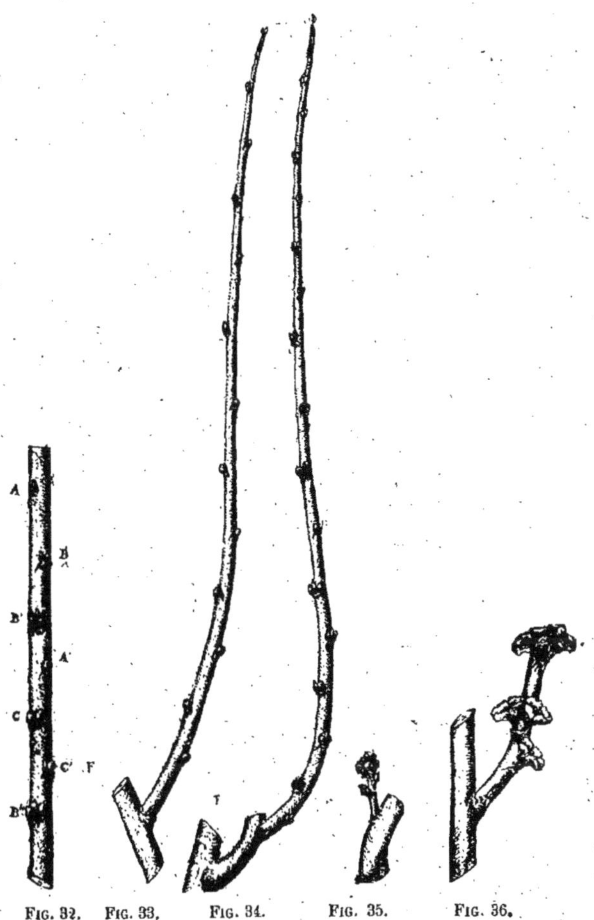

FIG. 32.   FIG. 33.   FIG. 34.   FIG. 35.   FIG. 36.

Le bouton à bois A se nomme œil de pousse.
Le bouton à fruit A' se nomme fleur.

On les distingue facilement l'un de l'autre après la chute des feuilles. Le bouton à bois est toujours plus petit et plus allongé que le bouton à fleur.

Les branches à boutons simples, *fig.* 33, qui ne sont garnies que de fleurs avec un seul œil de pousse à l'extrémité, sont les plus mauvaises. On les appelle branches chiffonnes, et on les supprime quand elles ne sont pas indispensables.

Les branches à boutons doubles ou triples, *fig.* 34, sont dans les conditions voulues. On taille les mieux placées.

Quant au bouquet de mai, *fig.* 35, qui n'existe que sur des arbres déjà formés, et qui se compose d'un bouquet de cinq à six fleurs terminé par un œil de pousse, on le conserve toujours.

La figure 36 représente une branche taillée et fleurie.

TAILLE EN VERT

Elle a lieu d'avril en septembre.
Elle comprend trois opérations :

1° L'Éborgnage ;
2° Le Pinçage ;
3° L'Ébourgeonnage.

L'éborgnage se pratique au commencement de la végétation.
Le pinçage se fait de mai à fin juillet.
L'ébourgeonnage a lieu de mai en septembre.
C'est surtout de la taille en vert que dépendent la régularité et la durée des espaliers.
Son application suivie doit empêcher presque toute déperdition de sève et aplanir les difficultés de la taille en sec.

1° Éborgnage.

Cette première opération de la taille en vert consiste à détruire, au commencement de la végétation, une partie des yeux inutiles ou mal placés ; tels ceux qui sont en dessus ou en dessous des branches charpentières.

On détruit également, sur les branches à fruits, une grande partie des yeux situés entre l'œil terminal et celui de remplacement.

Les yeux réservés deviennent bourgeons.

Il faut supprimer aussi, lors de la formation de l'arbre, les fleurs qui existent sur les jeunes branches charpentières, et celles des petites branches des arbres non encore formés qu'on ne veut pas encore faire produire.

2° Pinçage.

Le pinçage consiste à casser entre le pouce et l'index l'extrémité des bourgeons.

On s'en sert pour arrêter la vigueur de ceux que le palissage ne peut maîtriser.

Il refoule la sève et favorise ainsi la bonne constitution des boutons qui se trouvent à la base de la branche.

Ne le pratiquer qu'avec beaucoup de circonspection et de discernement.

3° Ébourgeonnage.

Cette dernière opération de la taille en vert est à peu près de

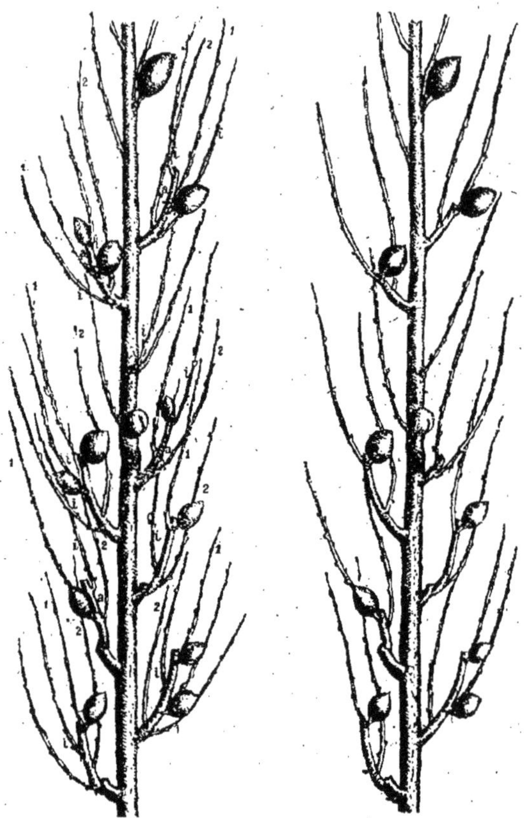

FIG. 37.   FIG. 38.
La figure 37 représente la branche avant l'ébourgeonnage.
La figure 38 la représente après.

l'importance de celle de la taille en sec dont elle est la
préparation.

Elle consiste à choisir, *fig*. 37, les bourgeons 1 et 2 qui doivent former les branches de remplacement et celles d'alimentation, et à retrancher les bourgeons inutiles, *i*, *i*, *i*, *i*, *i*, *i*, même figure.

On rabat en *a*, *fig*. 37, celles des branches de la taille en sec sur lesquelles, à ce moment, il pourrait y avoir quatre, six et même huit fleurs, pour ne conserver, sur chacune d'elles, qu'un ou deux des fruits les mieux placés et les mieux constitués, en même temps que bien répartis sur l'arbre.

L'ébourgeonnage ne laisse donc subsister que les bourgeons de remplacement, n° 2, et ceux qui accompagnent ou surmontent les fruits, n° 1, *fig*. 37.

La figure 38 représente la branche ébourgeonnée.

Cette opération se fait principalement en juin, mais elle se continue jusqu'à l'arrêt complet de la sève, soit qu'on retranche de nouveaux bourgeons inutiles, soit qu'on rabatte les plus vigoureux sur de faux bourgeons.

C'est en dirigeant ainsi la sève par l'éborgnage, le pinçage et l'ébourgeonnage qu'on en prévient les écarts, et qu'on établit l'équilibre entre toutes les branches.

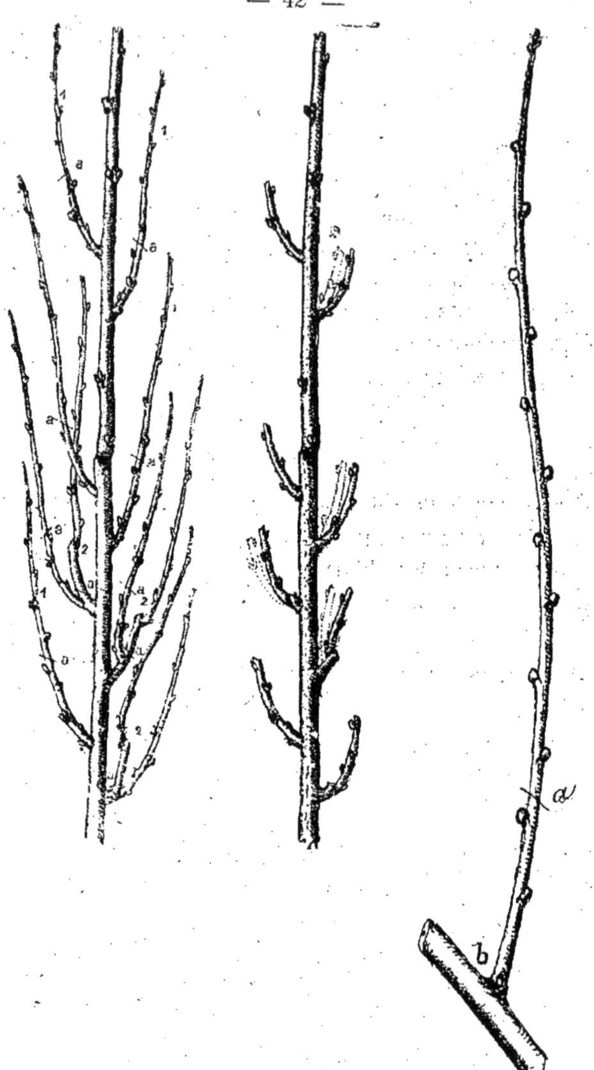

FIG. 39. — Avant la taille.   FIG. 40. — Après.   FIG. 41. — Branche chiffonne.

TAILLE EN SEC

Les premières années de la formation des arbres, ne s'occuper pour les branches à fruits que de leur perpétuation par le remplacement; c'est-à-dire les couper en *a*, à deux ou trois yeux de pousse, *fig.* 39. *Branches* n° 1.

Éborgner les rares fleurs qui peuvent exister après la taille.

Quand l'arbre est à peu près formé, le faire produire.

On choisit alors, pour les tailler, les branches les mieux placées pour la régularité de l'arête, si elles sont dans les conditions voulues, c'est-à-dire si elles ont dans les $0^m,10$ à $0^m,15$ de leur base :

1° Un œil de pousse placé près de la naissance de la branche, pour le remplacement ;

2° Plusieurs fleurs accompagnées ou surmontées d'un œil de pousse.

Dans ces conditions on rabat, en *a*, au rez des branches choisies, les branches de la taille précédente, branches n° 2, puis on taille les branches inférieures en *a* à $0^m,15$ ou $0^m,20$, c'est-à-dire sur deux, quatre, six et même huit fleurs.

La figure 39 représente une partie jeune de branche charpentière avant la taille. La figure 40, la même branche après la taille et le palissage.

Les parties pointillées indiquent la place des branches avant le palissage.

Pour conserver la régularité de l'arête, on utilise quelquefois, comme il est dit plus haut, page 38, *voir* la *fig.* 41 ci-contre, des branches à boutons simples, tous à fleurs. Au lieu de les garder dans leur entier pour le seul œil de pousse de l'extrémité, on les taille en *a*, comme les autres, sans se préoccuper du manque d'œil d'alimentation.

L'essentiel étant d'obtenir à la base une branche pour le

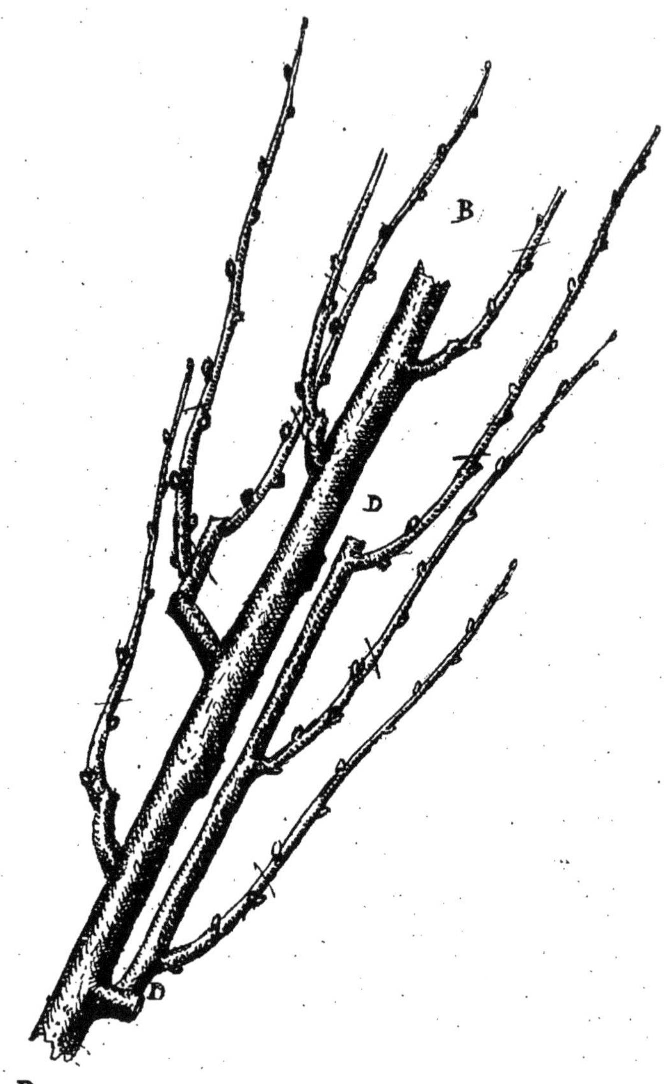

FIG. 42. — Branche à crochets.

remplacement, on a chance de provoquer au talon le développement d'un œil dormant, *b*. Souvent même, il arrive que les fleurs produisent leurs fruits.

Quand les branches à fruits sont entièrement perdues, et que les branches à bois qui les portent sont jeunes, on applique des greffes en approche pour conserver la régularité de l'arête. *Voir page* 25, *fig.* 23 et 24. Mais si ces branches sont déjà âgées, il est à craindre que la greffe n'occasionne une plaie dans cette vieille écorce.

Alors, on prolonge simplement le long de la partie dénudée B, *fig.* 42, une branche à fruits, D, qui devient ainsi branche à bois, et sur laquelle on établit les petites branches manquantes.

Cette branche se nomme branche à crochets. La *figure* 42 la représente formée, et les traits marquent les points où les branches doivent être taillées.

Résumé de la taille en sec des branches à fruits.

La taille en sec des branches à fruits consiste donc à ne laisser subsister, pour perpétuer chacun des crochets, qu'une seule des deux ou trois branches qu'on a dû conserver à l'ébourgeonnage.

On choisit toujours la meilleure et surtout la mieux placée.

Les figures 43, 44 et 45, représentant, avant et après la taille, une partie de branche charpentière, où sont groupées les diverses sortes de branches à fruits, en résument les exemples.

La *figure* 43 représente la branche avant la taille.

La *figure* 44 la représente après, et la *figure* 45 la représente après le palissage.

Le pointillé indique, dans la *figure* 44, l'emplacement des branches supprimées, et dans la *figure* 45 leur emplacement avant le palissage.

FIG. 43.
Branche avant la taille.

FIG. 44.
Après la taille.

FIG. 45.
Après le palissage.

Explications. — *Fig.* 43. Côté droit.

Crochet n° 1. — Rabattre sur la branche inférieure taillée en *a*, en conservant le cochonnet.

Crochet n° 3. — Même opération ; couper en plus le pédoncule du fruit resté à la base.

Crochet n° 5. — Comme les n°s 1 et 3.

Crochet n° 7. — Rabattre sur la seconde branche taillée en *a* ; et, pour le remplacement, tailler également en *a* la branche inférieure.

Crochet n° 9. — Rabattre le premier crochet sur sa branche inférieure taillée en *a* ; conserver le second en entier pour le cochonnet ; tailler la branche inférieure en *a*, et supprimer l'autre.

Crochet n° 11. — Rabattre sur la branche inférieure taillée en *a* ; conserver le cochonnet et couper le pédoncule.

Crochet n° 13. — Comme pour le n° 11.

Côté gauche.

Crochet n° 2. — Rabattre sur la seconde branche taillée en *a*, couper le pédoncule, et, pour le remplacement, tailler la branche inférieure en *a*.

Crochet n° 4. — Rabattre sur la branche inférieure taillée en *a*.

Crochet n° 6. — Comme la précédente.

Crochet n° 8. — Branches sans œil de pousse, rabattre sur l'inférieure taillée en *a*.

Crochet n° 10. — Rabattre sur la branche inférieure taillée en *a* et couper le pédoncule.

Crochet n° 12. — Rabattre sur l'inférieure taillée en *a*.

Crochet n° 14. — Tailler en *a* la branche supérieure et la branche inférieure : celle-ci pour le remplacement, celle-là pour la production ; couper le pédoncule et l'onglet.

Autres explications.

Dans les explications qui précèdent, les branches choisies sont supposées les meilleures, soit par leur position, soit par leur conformation.

En supposant le contraire pour quelques-unes d'entre elles, on modifie ainsi la taille[1] :

Côté droit.

Crochets n°s 1, 3 *et* 5. — Comme il est dit d'autre part.

Crochet n° 7. — Rabattre sur la branche inférieure taillée en *a*.

Branche à crochet n° 9. — Tailler en *a* la branche supérieure du premier crochet et la branche inférieure sur son œil du talon pour le remplacement. Tailler en *a* la branche supérieure du deuxième crochet, supprimer la branche inférieure et conserver le cochonnet.

Crochet n° 11. — Tailler en *a* la branche supérieure et la branche inférieure sur l'œil du talon pour le remplacement. Conserver le cochonnet.

Crochet n° 13. — Sans changement.

Côté gauche.

Crochet n° 2. — Rabattre sur la branche inférieure taillée en *a*.

Crochet n° 4. — Sans changement.

Crochet n° 6. — Sans changement.

Crochet n° 8. — Sans changement.

Crochet n° 10. — Tailler en *a* sur la branche supérieure, et tailler sur l'œil de talon la branche inférieure.

1. Pour éviter la confusion des traits marquant la taille, je fais les modifications que j'indique sur la *figure* 44.

Crochet n° 12. — Rabattre sur le rameau intermédiaire *a*, conserver le cochonnet et supprimer la branche inférieure.

Crochet n° 14. — Rabattre sur l'inférieure taillée en *a* et couper le pédoncule. *Voir* les figures 43, 44 et 45.

§ 5. — ÉCLAIRCISSEMENT DES FRUITS

Malgré la chute des fruits, qui se produit à la formation du noyau, il arrive encore que le nombre de ceux qui restent est trop considérable pour mûrir dans des conditions convenables.

Les laisser tous nuirait à leur qualité et à leur beauté, et affaiblirait la végétation de l'arbre.

Il faut les éclaircir, c'est-à-dire en supprimer.

On conserve les plus beaux et les mieux placés, et on abat les autres en les tournant entre l'index et le pouce.

§ 6. — EFFEUILLAGE

Pour que la Pêche acquière sa belle couleur pourprée, que, seul, lui donne le soleil, il faut, quinze jours environ avant sa maturité, l'effeuiller, c'est-à-dire la dégager des feuilles qui la recouvrent ; car, lorsque le palissage est bien fait, les fruits sont presque toujours dissimulés sous le feuillage.

Choisir, alors, un temps couvert pour éviter les coups de soleil et ne retirer que celles des feuilles qui touchent aux fruits, ou qui en sont trop rapprochées. Conserver toujours celles qui se trouvent au-devant des fruits, quand elles sont assez éloignées pour laisser filtrer les rayons du soleil.

L'effeuillage se fait en cassant les feuilles entre l'index et l'ongle du pouce.

§ 7. — CUEILLETTE DES PÊCHES

Opération très délicate.

On saisit à pleine main, sans toutefois la serrer, la Pêche à cueillir ; puis on tire à soi, sans qu'aucun des doigts fasse une pression plus forte que les autres.

Surtout se méfier du pouce.

Le fruit cueilli, le poser, toujours avec le plus grand soin, dans un panier garni de rognures de papier fin, ou de gazon très doux et sec, ou encore de feuilles de vignes sans pédoncules, qu'on recouvre d'une toile douce. C'est sur ce coussin improvisé qu'on place les Pêches cueillies.

Pour éviter dans le transport à la maison de les meurtrir, il faut serrer les fruits les uns contre les autres, en les séparant par des feuilles de vigne.

Quand cette première rangée est terminée, on la couvre de feuilles de vigne, toujours sans pédoncules et retournées sur le fruit pour que ce soit la partie lisse qui pose dessus ; puis on place une autre toile sur laquelle on refait un nouveau rang de Pêches. On agit de même pour un troisième rang.

Au moment de les servir, enlever leur duvet avec une brosse en crins doux et longs.

Pour les expédier, les cueillir autant de jours avant leur maturité qu'il doit y en avoir avant qu'elles soient mangées. On les enveloppe alors d'un premier papier de soie, puis d'un second plus résistant, en évitant les tapons ; on les enferme dans des petites boîtes plates, pouvant en contenir une vingtaine au plus, et où, sur une rangée, elles sont serrées, entre des rognures, de manière à éviter tout ballottage.

TROISIÈME PARTIE

FORMATION DES ARBRES

ET

APPRÉCIATION DES FORMES

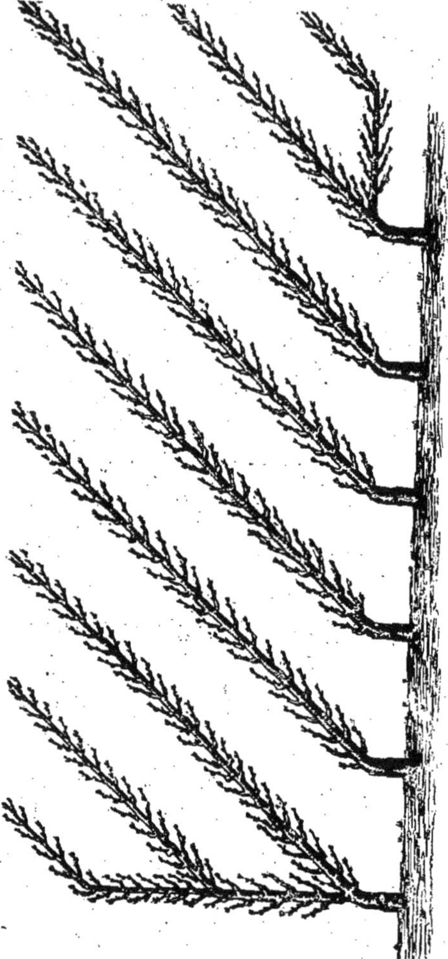

FIG. 46. — Cordons obliques.

CORDONS OBLIQUES

Figure 46.

Forme très facile à obtenir.

C'est son seul avantage.

Par contre, elle a le défaut d'employer beaucoup trop d'arbres et d'user promptement le terrain.

En outre, pour donner un peu de développement au Pêcher, dont la végétation est considérable, l'inclinaison nécessaire est telle que, si les sujets n'ont pas tous la même vigueur, les plus faibles sont étouffés par les autres.

Le même inconvénient existe dans le remplacement d'un sujet, car les racines des cordons obliques sont forcément enchevêtrées, et, pour en remplacer un, on endommage les racines des voisins.

Cette forme est bonne pour les jardiniers médiocres, ou alors pour des locataires dont le bail est de courte durée ; elle est surtout excellente pour les pépiniéristes.

Première Année.

Planter les arbres à 1 mètre les uns des autres, après les avoir coupés en *a*, à 0^m,15 ou 0^m,20 au-dessus de la greffe, *fig.* 47 et 48.

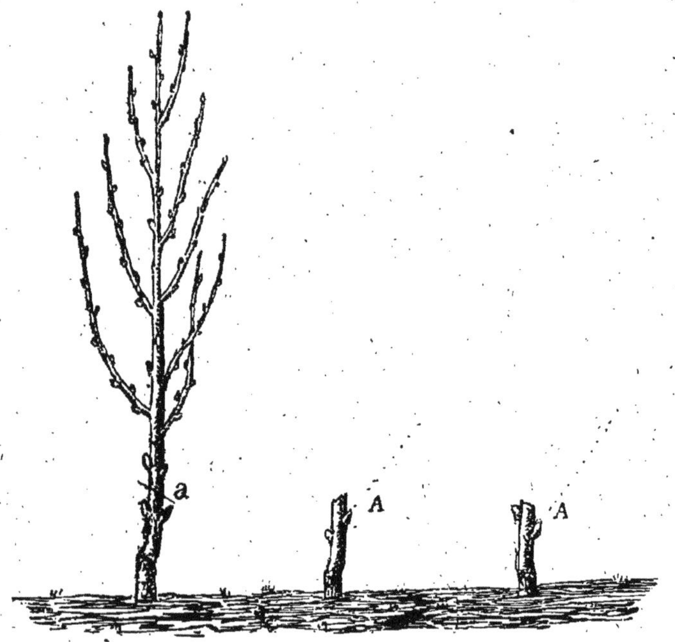

FIG. 47. — Avant la taille.   FIG. 48. — Après.

Choisir du côté de l'oblique le bouton A, qui est le plus vigoureux et le mieux placé, *fig.* 48.

En favoriser le développement ; le palisser légèrement obliqué dès que sa force le permet, et maîtriser la sève des autres, *fig*. 49.

Aussitôt la réussite assurée, supprimer les autres bourgeons, puis, en juillet, couper l'onglet en *a*, *fig*. 49.

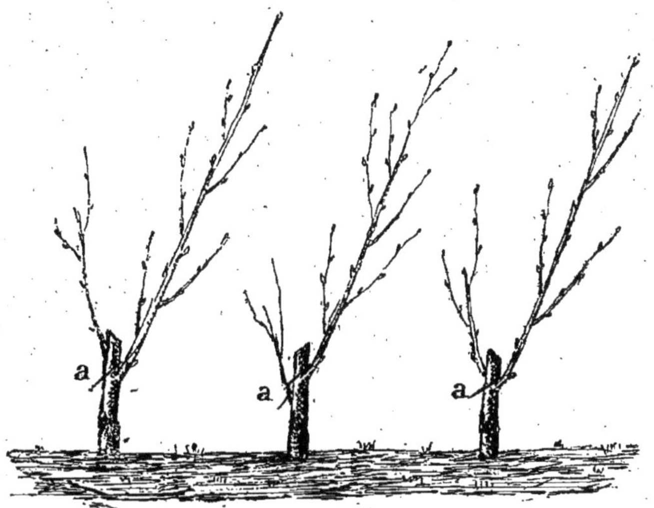

FIG. 49. — Résultats obtenus fin juin. Arbres poussant.

Couper aussi les faux bourgeons qui se développent en dessus et en dessous du bourgeon principal, et ne conserver, de chaque côté, que ceux qui sont placés à la distance voulue pour former l'arête.

Deuxième Année.

Après l'examen de l'ensemble de la végétation de tous les cordons, les tailler tous en *a*, à la même longueur, en se basant sur la végétation des plus faibles. L'œil A prolongera la tige, *fig*. 50.

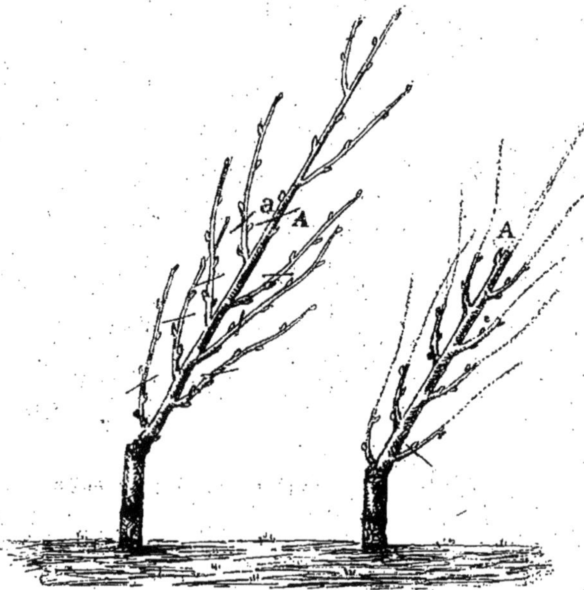

FIG. 50. — Résultat de la première taille.

FIG. 51. — Taille de la deuxième année.

Tailler les petites branches de l'arête à 0^m,10 ou 0^m,12, *fig*. 51, puis supprimer celles qui sont trop rapprochées les unes des autres et qu'on a oubliées lors de la taille en vert.

Au palissage, incliner davantage les cordons.

Troisième et quatrième Années.

Comme à la deuxième, continuer le prolongement de l'unique branche charpentière taillée en *a* et prolongée par le bouton A, et tailler les petites branches comme il est dit ci-dessus, *fig.* 52 et 53.

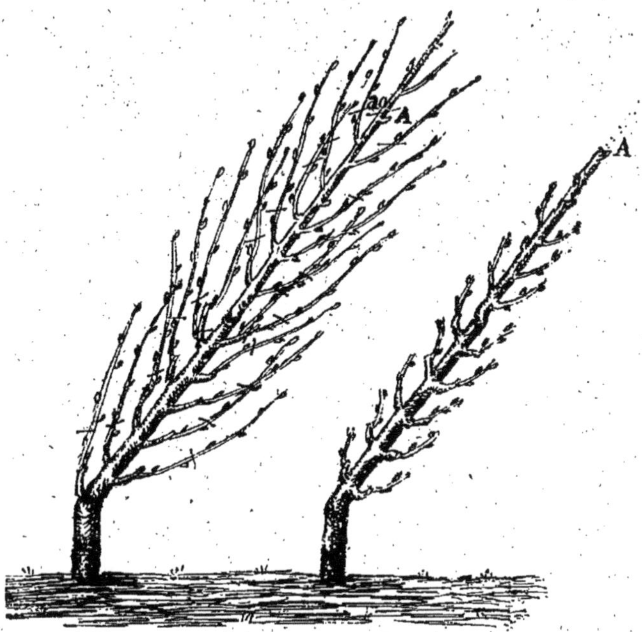

FIG. 52. — Résultat de la
deuxième taille.

FIG. 53. — Taille de la
troisième année.

Au palissage, incliner chaque année davantage les cordons, pour les amener progressivement à une inclinaison de 45 degrés au moins.

Pour combler le vide que cette forme laisse *sur* le premier

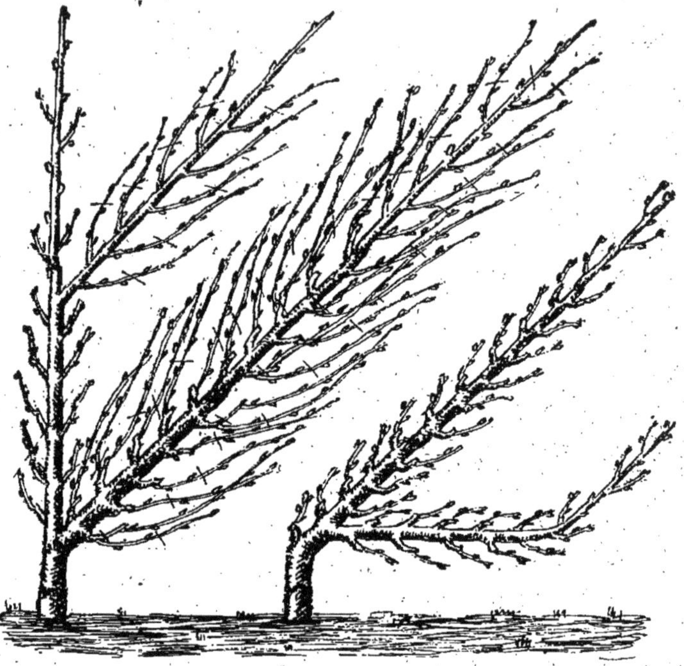

Fig. 54 et 55. — Arbres des deux extrémités.

et *sous* le dernier cordon, on est obligé d'obtenir les branches supplémentaires qui sont indiquées par les figures 54 et 55.

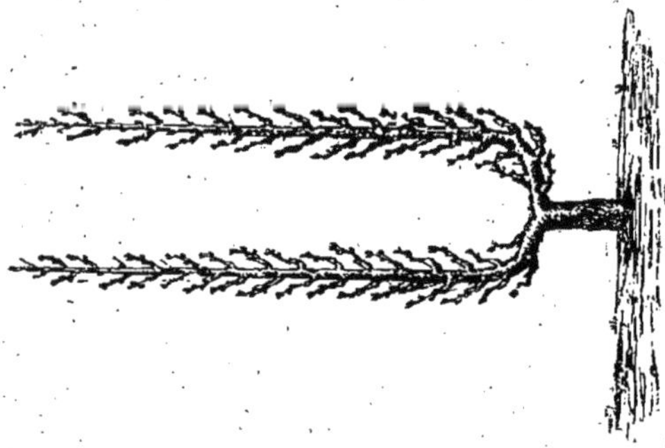

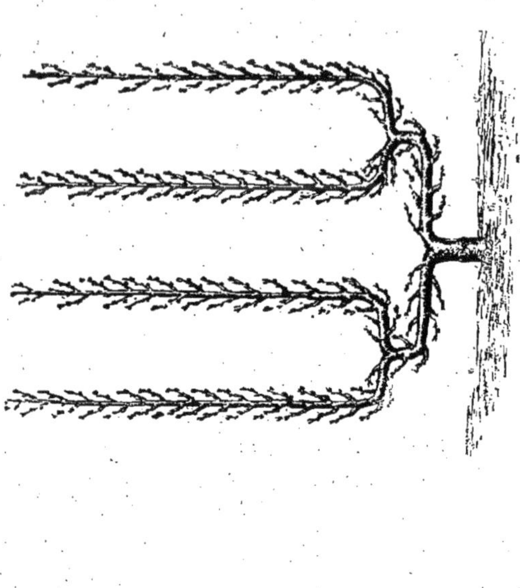

Fig. 57. — U double.

Fig. 56. — U simple.

FORMES EN U SIMPLE ET U DOUBLE

Figures 56 et 57.

Formes, aussi, très faciles à obtenir ; mais, comme les cordons obliques, l'U simple ne peut fournir assez de développement.

L'U double est préférable et n'est pas beaucoup plus compliqué.

C'est surtout une forme où la sève peut s'équilibrer naturellement.

FORME EN U SIMPLE

Première Année.

Planter les arbres à 1^m,40 de distance, après les avoir coupés en *a*, *fig.* 58.

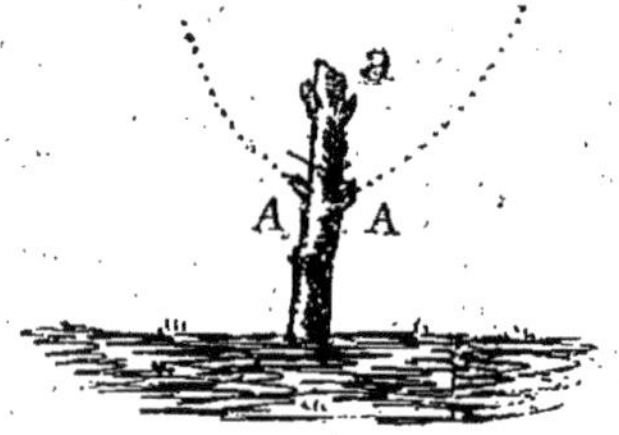

Fig. 58.

Faire développer les yeux A, A qui sont les mieux placés, et leur faire prendre par le palissage la forme d'un U dont les bras doivent avoir 0^m,70 d'écartement, *fig.* 59.

Couper les faux bourgeons qui sont développés sur le devant et sur le dessous de ces bras, et ceux qui ne sont pas à la distance voulue pour l'arête.

En juillet, couper l'onglet.

Deuxième et troisième Années.

Figures 59 et 60.

Couper en *a*, pour prolonger les bras de l'U par les yeux A, A,

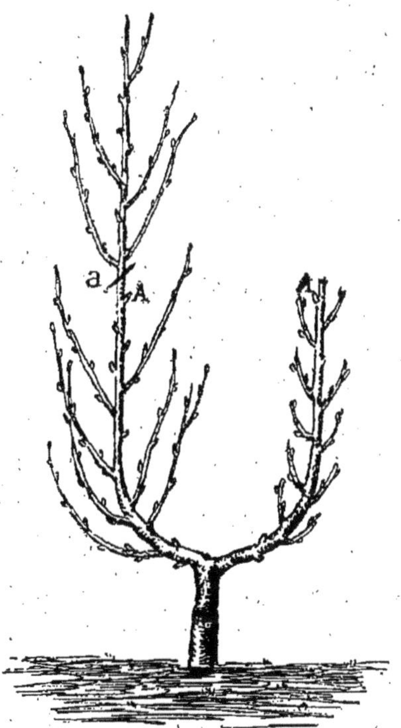

FIG. 59. — Résultat de la première taille.
Côté gauche avant la taille.   Côté droit après la taille.

en tenant compte de leur force pour qu'ils soient taillés de manière à faire développer toutes les petites branches.

Tailler celles qui existent déjà à $0^m,10$ ou $0^m,12$, pour leur perpétuation.

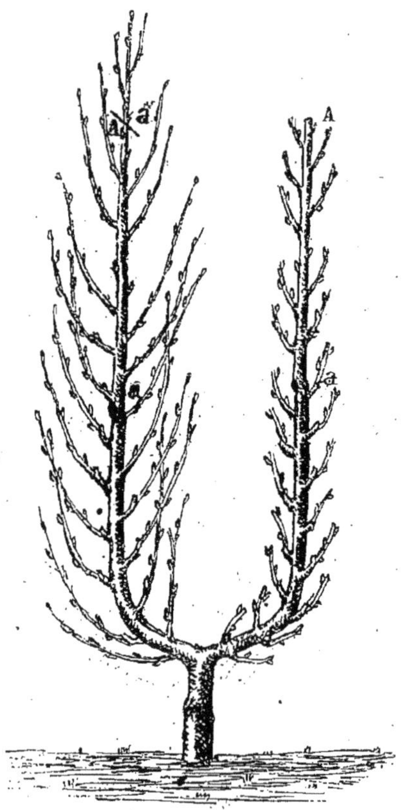

Fig. 60.

Avant la taille.   Après la taille.

Maintenir l'équilibre dans les deux bras.

FORME EN U DOUBLE

Première Année.

Couper les arbres comme pour l'U simple.

Les planter à 2ᵐ,80 de distance.

Procéder comme pour l'U simple, mais en doublant l'écarte-ment des bras, soit 1ᵐ,40, page 64, *fig*. 58.

Deuxième Année.

Tailler les deux bras en *a*, pour faire développer les yeux

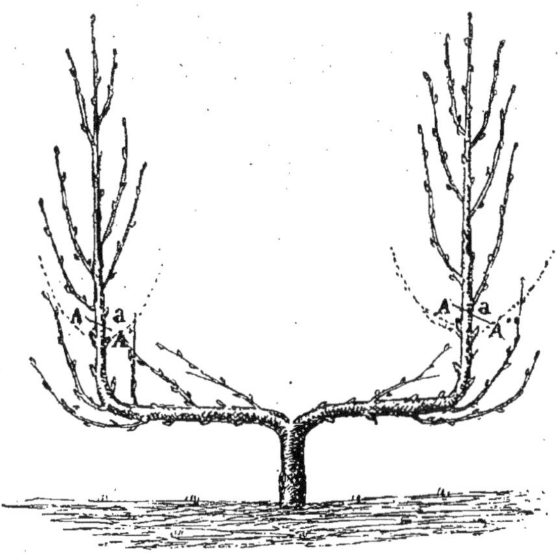

FIG. 61. — Résultat obtenu à la fin de la première année.

A, A, A′, A′, qui doivent former un U simple sur chacun de ces bras, *fig*. 61.

Troisième Année.

Comme pour la deuxième année de l'U simple, page 65,

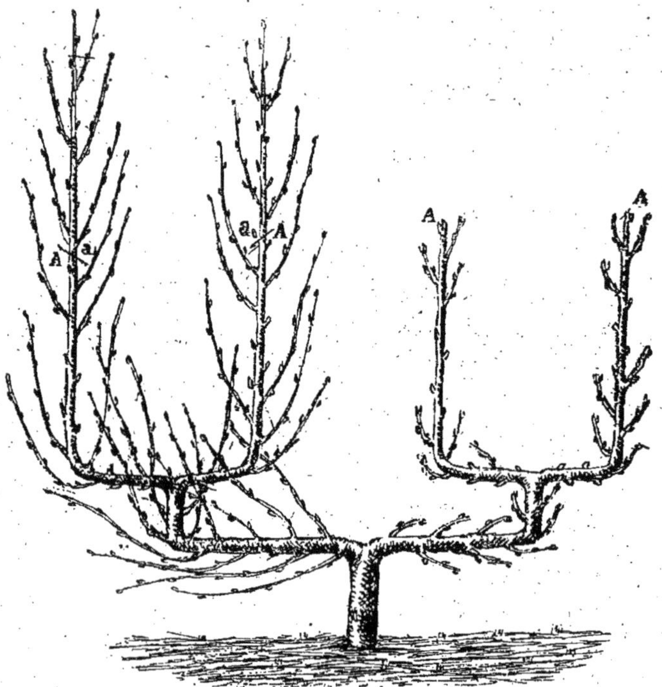

FIG. 62. — Résultat obtenu à la fin de la deuxième année.
Le côté gauche avant la taille.   Le côté droit après.

ayant soin chaque année de maintenir l'équilibre, *fig.* 62.

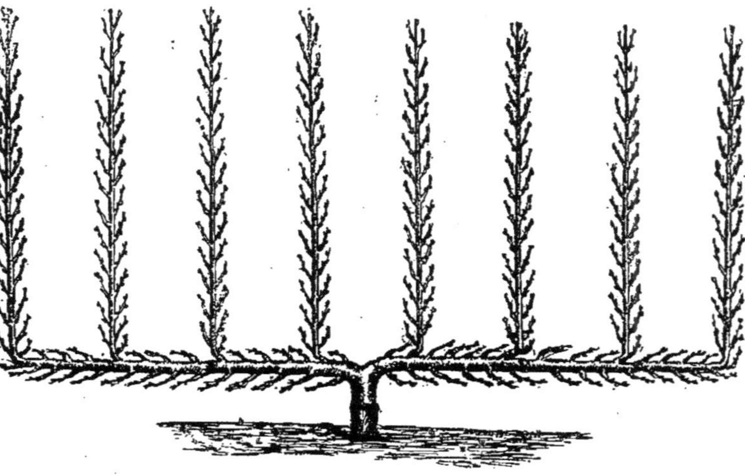

FIG. 63. — Forme en gril improprement nommé Candélabre.

FORME EN GRIL NOMMÉ CANDÉLABRE

Figure 63.

Forme où il est difficile de maintenir l'équilibre.

La sève se porte toujours avec abondance dans les branches les plus rapprochées du centre.

Y remédier en greffant les cordons d'espèces variées, en plaçant les plus vigoureuses aux extrémités et les moins au centre. Néanmoins, cette forme aura toujours le défaut de laisser trop longtemps le mur dégarni, partant improductif.

FORME EN GRIL

Première Année.

L'arbre planté, le couper en *a*, pour faire développer les deux yeux A,A, *fig.* 64.

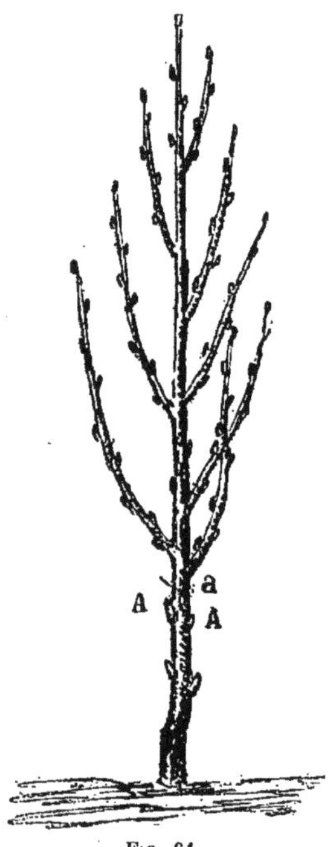

FIG. 64.

Ne conserver que ces deux bras que l'on taille chaque année en *a*, de manière à faire développer les yeux du prolongement et ceux devant former toutes les petites branches.

On les dirige ainsi jusqu'à ce qu'ils atteignent la largeur que l'on veut donner à l'arbre, soit pendant trois, quatre ou cinq ans, *fig.* 65.

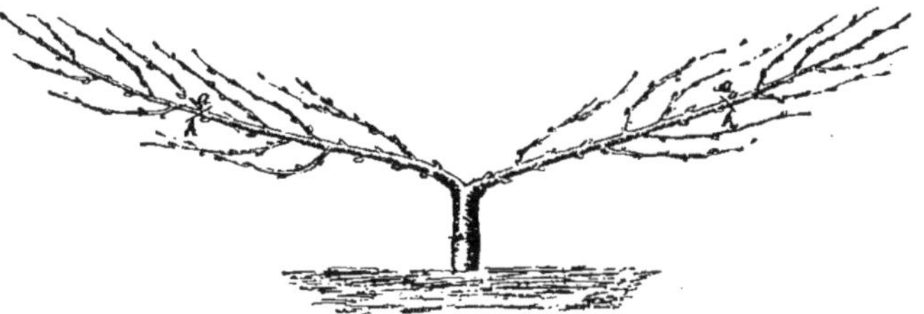

FIG. 65. — Résultat de la première année.

Les incliner progressivement chaque année, jusqu'à la position horizontale.

Ces bras arrivés en B, on relève verticalement les extrémités pour qu'elles forment un angle droit et qu'elles constituent les deux cordons extrêmes, *fig.* 66.

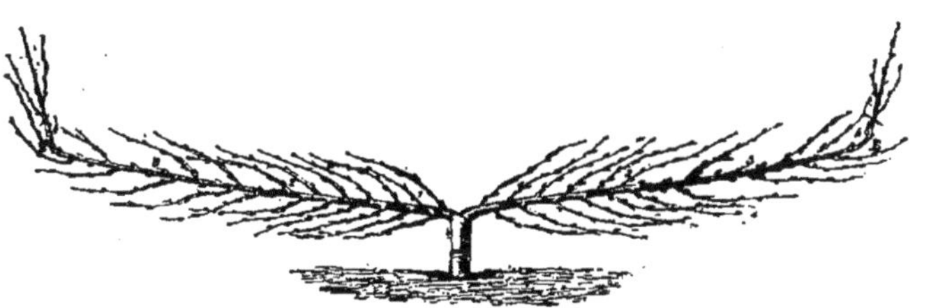

FIG. 66. — Résultat de la deuxième ou troisième année.
L'arbre arrivé en B, on a redressé verticalement les cordons.

Quand elles sont assez fortes pour ne plus craindre une perturbation dans la direction de la sève, on obtient la même année, par les petites branches, 1, 1', 2, 2', 3, 3', 4, 4', *fig.* 66, tous les autres cordons qui doivent être à 0ᵐ,70 les uns des autres.

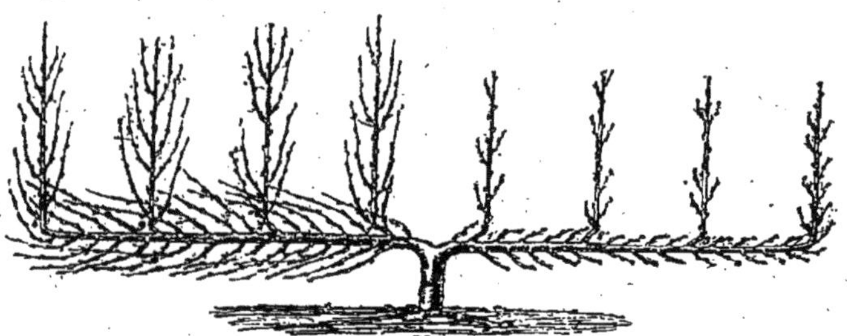

FIG. 67. — Résultat de la troisième ou quatrième année.
Tous les cordons sont obtenus, et le côté droit est taillé.

Bien les équilibrer entre eux, quand ils sont obtenus, et les tailler pour le prolongement.

FORMES EN PALMETTES

Il y en a de trois sortes :

1° La Simple ;

2° La Double ;

3° En Cordons croisés.

Ce sont des formes un peu plus compliquées que les précédentes et moins faciles à obtenir.

Elles exigent beaucoup de soins pour maintenir l'équilibre dans les branches inférieures, la sève se portant naturellement dans les branches supérieures.

On se sert surtout de la palmette simple ou double pour garnir les pignons ; mais, quand les expositions sont au sud ou à l'ouest, il faut les garantir au printemps par des auvents superposés de deux mètres en deux mètres.

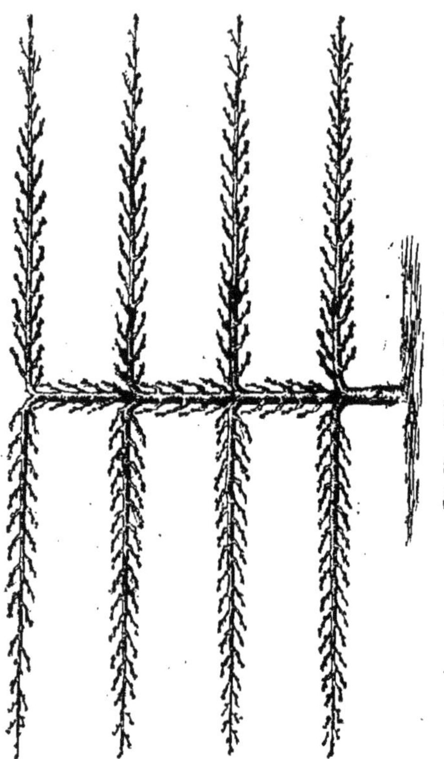

FIG. 68. — Palmette simple.

PALMETTE SIMPLE

Figure 68.

Première Année.

Les planter à six mètres.

Choisir les deux yeux les mieux placés A, A, pour former les premiers cordons bien en face l'un de l'autre, et tailler sur un œil supérieur B, pour prolonger la tige, *fig.* 69.

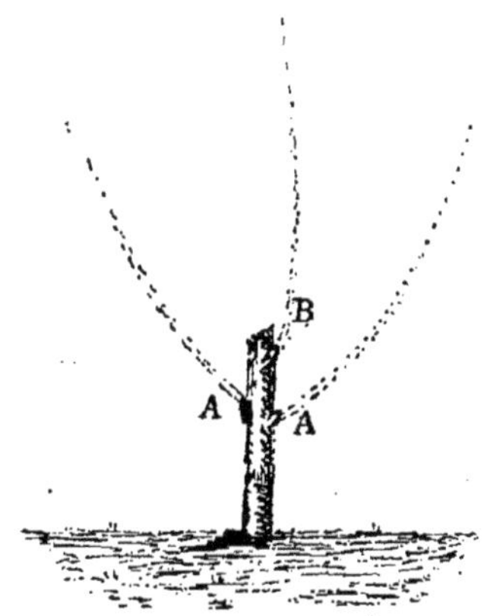

Fig. 69.

Favoriser le développement de ces deux yeux et modérer celui de la tige où la sève est naturellement plus abondante.

Palisser verticalement celui-ci et obliquer ceux-là en V, *fig.* 70.

Deuxième année.

A 0^m,70 au-dessus de ces deux cordons, en former deux nouveaux A, A, *fig.* 70, comme on a formé les premiers, et

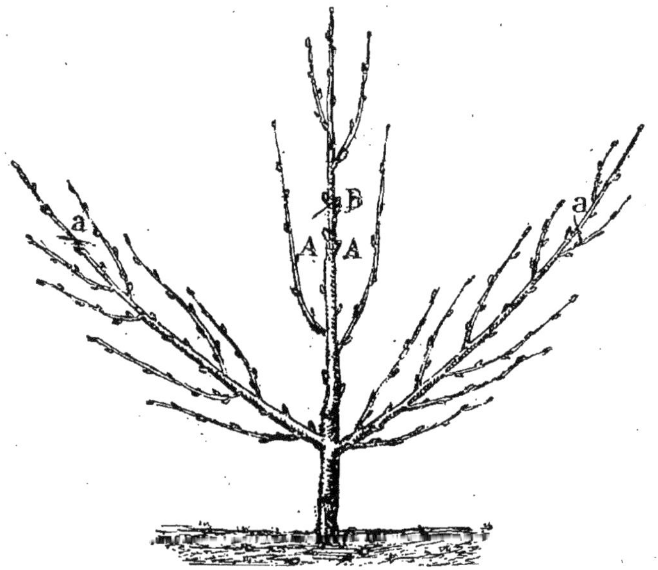

FIG. 70. — Résultat de la première année.
Deuxième année, avant la taille.

tailler sur l'œil supérieur B pour le prolongement, *fig.* 70 et 71. En même temps, tailler les deux cordons en *a* pour leur prolongement, *fig.* 70 et 71. Chaque année, obtenir les autres de la même manière.

A mesure qu'ils acquièrent de la force, ouvrir les V pour les amener presque à l'horizontale et tailler les cordons de manière à en favoriser le prolongement et à en faire développer les petites branches, *fig.* 72.

On procède de la même manière pour les années suivantes,

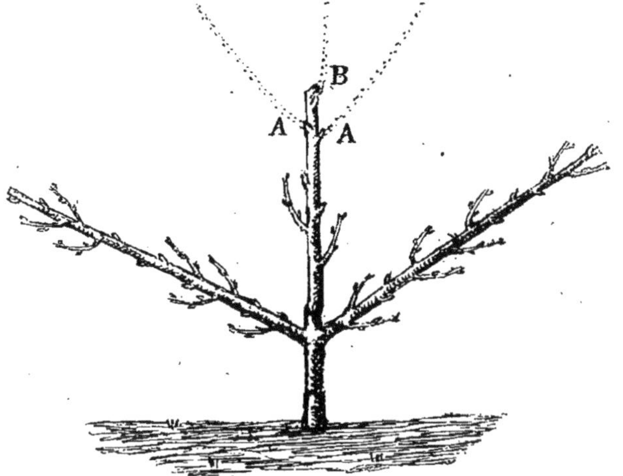

Fig. 71. — Deuxième année, après la taille.

jusqu'à l'obtention des derniers cordons.

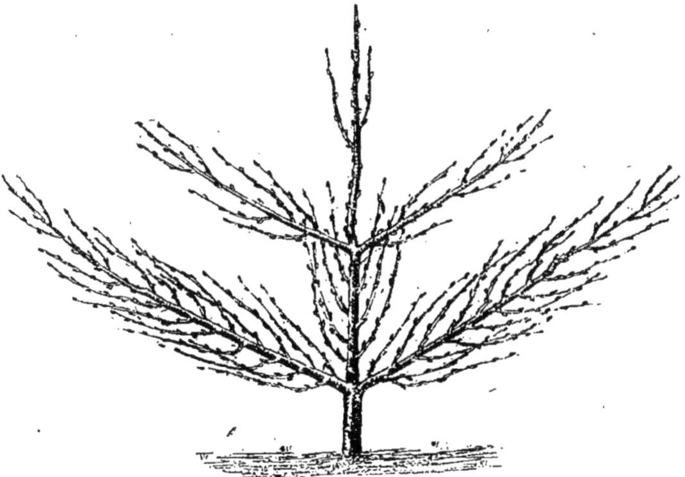

Fig. 72. — Résultat de la deuxième année.

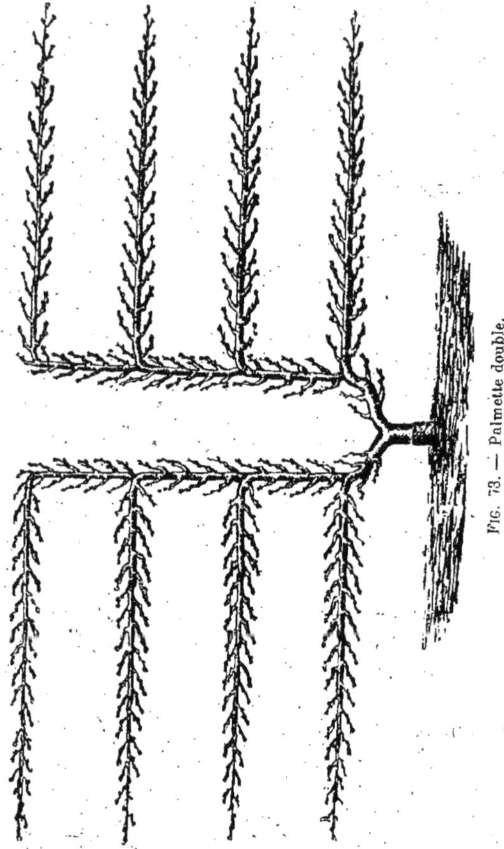

Fig. 73. — Palmette double.

PALMETTE DOUBLE

Première Année.

Les planter à 6^m,50.

Couper l'arbre en *a* pour faire développer les yeux A, A, *fig*. 74, qu'on forme en U.

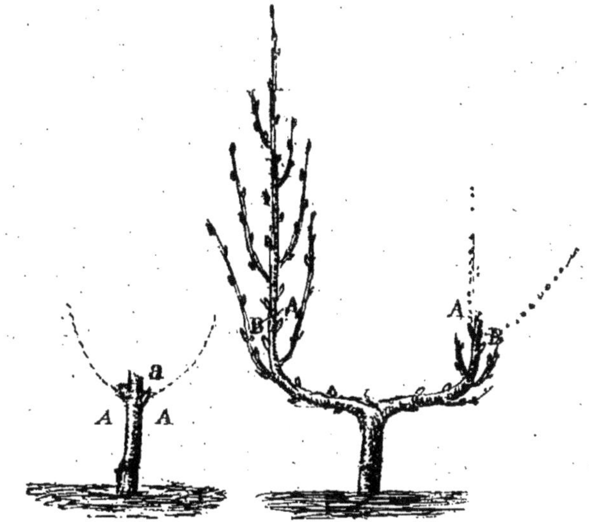

FIG. 74 — Première année.

FIG. 75. — Résultat de la première année.
La taille de la deuxième année
est faite à droite.

En juillet, couper l'onglet : *voir*, *fig*. 75, le résultat.

Deuxième Année.

Tailler chacun des bras de l'U sur les yeux A, A′ et B, B′, *fig.* 75.

Les yeux A, A′ prolongent les bras de l'U.

Les yeux B, B′ forment les premiers cordons dont on favorise le développement en maîtrisant la sève des yeux A, A′, *fig.* 76.

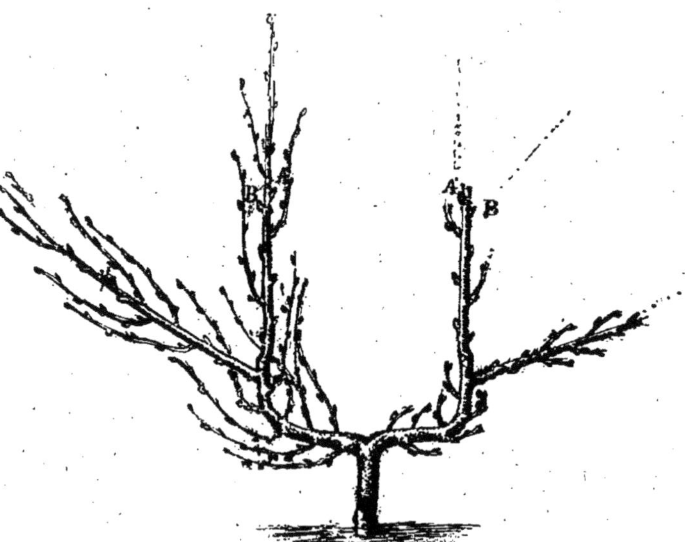

FIG. 76. — Résultat de la deuxième année.
La taille de la troisième année est faite à droite.

Comme dans les palmettes simples, les bras montants sont maintenus verticalement, et les cordons, obliquement, presqu'à l'horizontale.

Troisième et quatrième Années.

Comme pour la deuxième année, tailler les bras de l'U, *fig.* 76, sur les yeux A, A', qui doivent prolonger les bras ; et faire développer à 0ᵐ,70 au-dessus des premiers cordons les

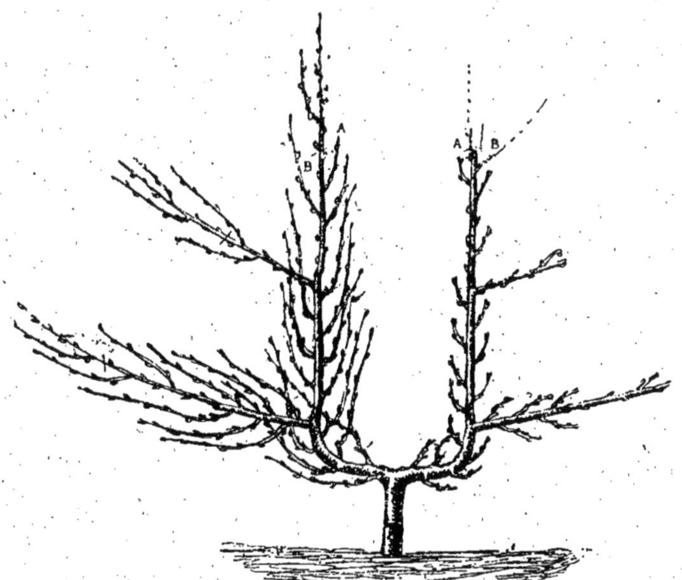

FIG. 77. — Quatrième année, côté droit également taillé.

yeux B, B' pour former les deuxièmes ; puis, l'année suivante, les troisièmes cordons, *fig.* 77.

Ces cordons, d'abord maintenus comme les autres, sont, comme eux, insensiblement inclinés, jusqu'à ce qu'ils arrivent à l'horizontale.

G

DEUXIÈME MANIÈRE DE FORMER CETTE PALMETTE

Quand ils sont assez poussés, courber les bras de l'U presque à angle droit, pour former les premiers cordons,

FIG. 78. — Résultat de la première année.

qu'on palisse tout de suite presque horizontalement, *fig.* 78. L'année suivante, faire développer au sommet des angles a, a

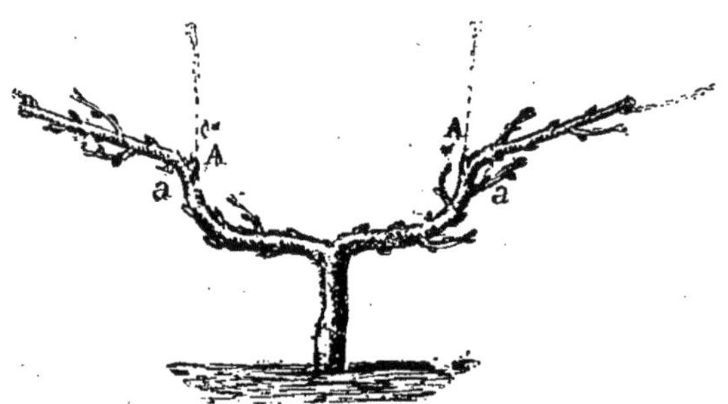

FIG. 79. — C'est la figure 78 taillée.

les yeux 'A, A', qu'on maintient d'abord verticalement, et qui continuent les bras de l'U, *fig.* 79.

Quand ils sont assez grands, les courber à leur tour à $0^m,70$

au-dessus des premiers, et chaque année recommencer la même opération jusqu'à la formation complète des autres cordons, *fig.* 80 et 81.

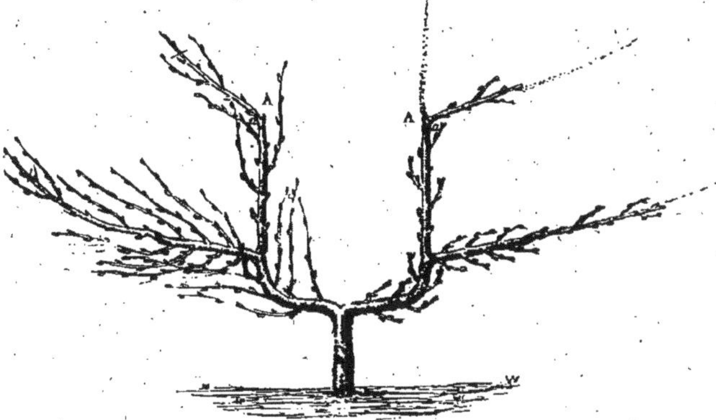

FIG. 80. — Résultat de la seconde taille. La troisième taille est faite sur le côté droit.

De cette manière on obtient facilement des cordons vigou-

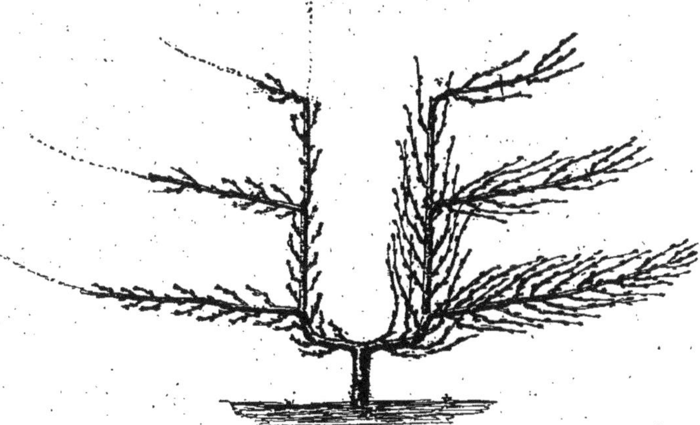

FIG. 81. — Résultat de la troisième taille. La quatrième est faite sur le côté gauche.

reux, en maîtrisant chaque année le prolongement de l'U.

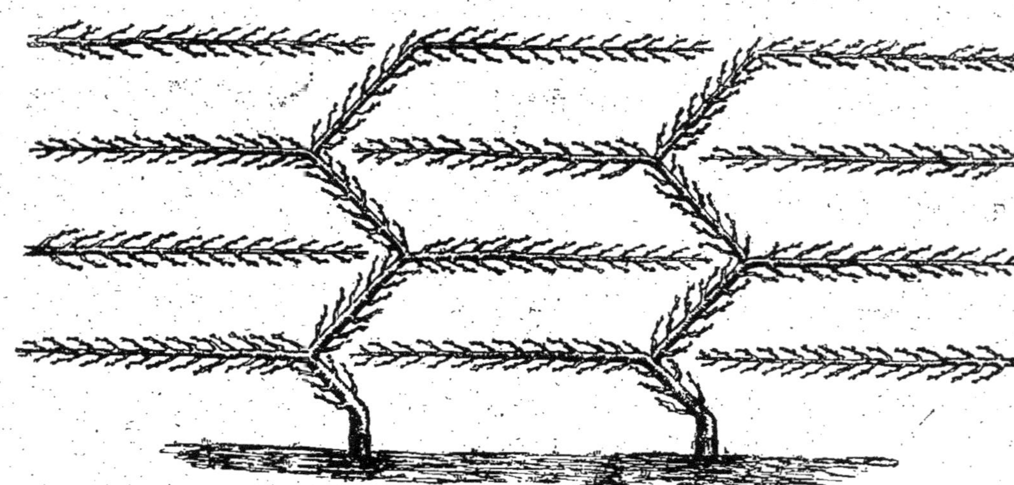

FIG. 82. — Représente deux pêchers complets, les bras droits du voisin de gauche et les bras gauches du voisin de droite.

PALMETTE EN CORDONS CROISÉS

Figure 82.

Les palmettes en cordons croisés, dont nous modifions la forme ordinaire pour obvier, autant que possible, au défaut d'équilibre de cette forme, tombent à leur tour dans le défaut de rendre tous les arbres solidaires.

Néanmoins, nous n'hésitons pas à indiquer leur formation, parce que l'ensemble en est assez original.

Planter les arbres à 4 mètres de distance.

Les tailler en *a*, afin d'obtenir par l'œil A, comme pour les

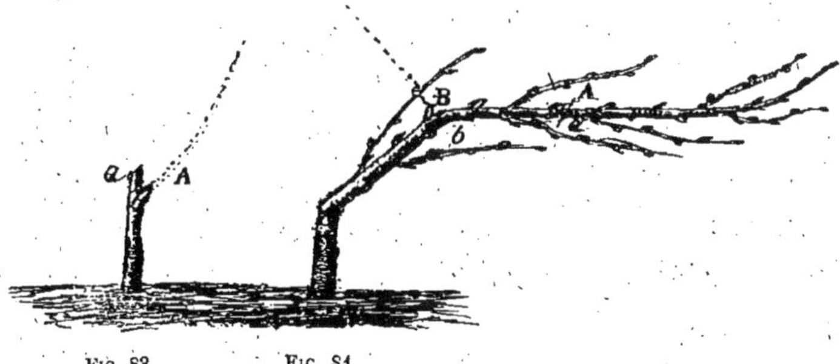

FIG. 83.   FIG. 84.

cordons obliques, un seul bras qu'on incline tout de suite à 45 degrés, *fig.* 83.

Quand il est assez fort, le couder horizontalement en *b*, de manière à former un angle obtus renversé, *fig.* 84.

En juillet, couper l'onglet.

Deuxième Année.

Tailler le premier cordon suivant sa force pour le prolonger, soit en *a* sur l'œil A ; puis faire développer, au sommet de l'angle *b*, l'œil B qui continue la tige, *fig.* 84. L'incliner égale-

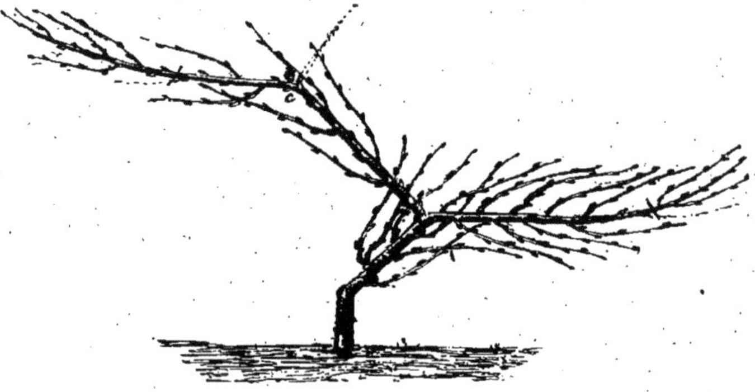

FIG. 85.

ment à 45 degrés, mais dans le sens opposé à celui de la première année.

Former en *c* un nouvel angle obtus, pour faire prendre l'horizontale au deuxième cordon B, *fig.* 85.

Troisième Année.

Faire développer, après la taille, l'œil C au sommet de l'angle *c*, pour continuer la tige, *fig.* 85, inclinée de nouveau à

45 degrés dans le sens de la première année. Puis, par un nouvel angle en *d*, en former le troisième cordon, *fig.* 86.

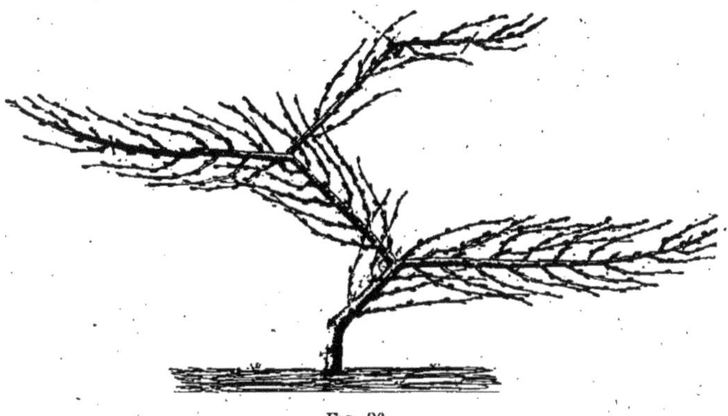

FIG. 86.

Procéder de la même manière les années suivantes, jusqu'à l'obtention du dernier cordon.

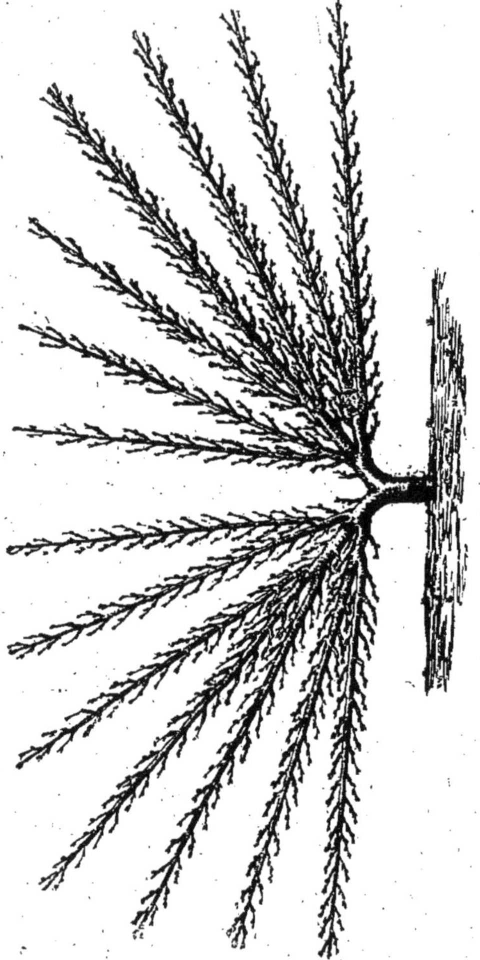

Fig. 87. — Pêcher à la Montreuil.

FORME A LA MONTREUIL

OU EN ÉVENTAIL

Figure 87.

De toutes les formes pour les pêchers c'est la préférable.

Très facile à obtenir, elle a l'avantage :

1° De donner au pêcher le développement nécessaire. Il peut atteindre 12 mètres ;

2° De favoriser l'équilibre de la sève en formant successivement, par la bifurcation, les branches charpentières ;

3° De combler le vide du V à mesure qu'on l'ouvre ;

4° D'être complète à la cinquième année ;

5° D'atténuer facilement les défectuosités de la charpente quand arrivent des accidents qui en détruisent la régularité ; car toutes les branches prenant naissance près du tronc, si l'une d'elles périt, et qu'on ne puisse en obtenir une nouvelle, on desserre les autres, et le vide disparaît.

Première Année.

Couper l'arbre en *a*.

Faire développer les yeux A, A′ et B, B′, mais favoriser le

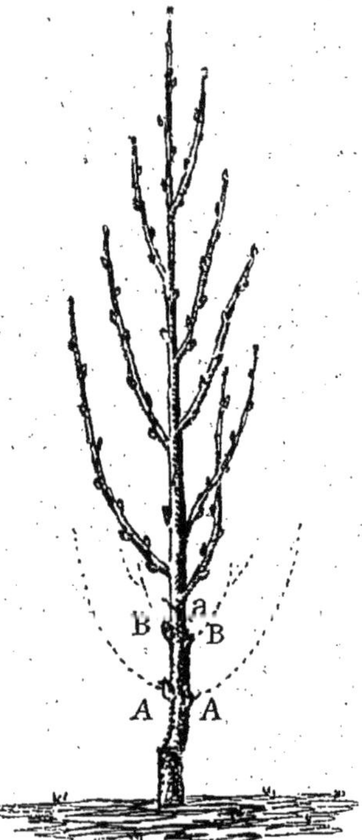
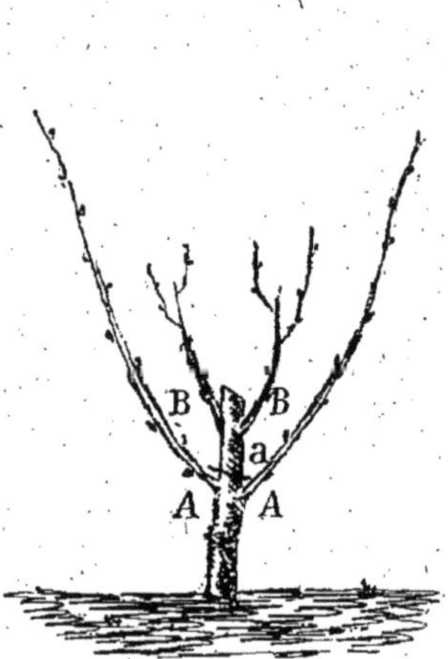

FIG. 88. — Première taille.

FIG. 89. — Développement
des yeux A, A et B, B.

développement des deux qui paraissent les plus vigoureux et
les plus réguliers, soient : A, A′, *fig.* 88.

Maîtriser la sève des yeux B, B′ conservés éventuellement, et les supprimer tout à fait dès qu'on est assuré de la réussite des deux préférés, soient : A, A', *fig.* 89.

En juillet, couper l'onglet *a* rez les deux branches obtenues.

Ces deux branches, qu'on palisse en forme de V, constituent

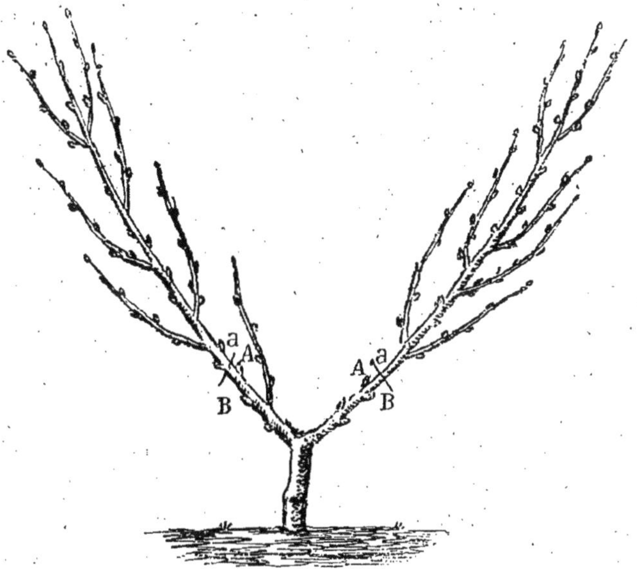

FIG. 90. — Résultat complet de la première taille.

les deux branches mères d'où vont partir toutes les autres, *fig.* 90.

Si, contre toutes probabilités, on n'obtient pas, la première année, les deux branches nécessaires, on redresse verticalement la branche obtenue, dont on forme une nouvelle tige, et l'année suivante on procède sur elle comme il vient d'être dit.

Agir de la même manière pour toutes les formes qui se développent sur les deux branches mères.

Deuxième Année.

Ouvrir un peu le V.

Couper les deux branches mères en *a* pour faire développer les yeux A, A′ et B, B′ de chacune de ces branches, et y maintenir l'équilibre, *fig.* 90.

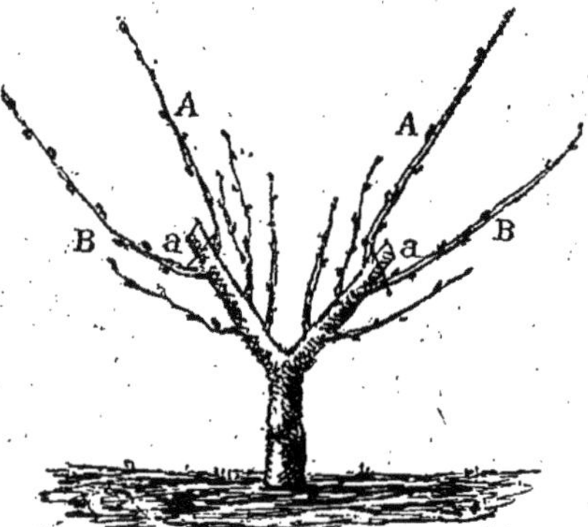

FIG. 91. — Développement des yeux A, A et B, B
pour la deuxième taille.

Les yeux A et A′ prolongent les branches ; les yeux B et B′ forment les premières secondaires inférieures.

En juillet, couper les onglets en *a* rez les nouvelles branches A et A′, *fig.* 91.

Troisième Année.

Répéter sur les branches A et A′, B et B′, l'opération faite la deuxième année sur les deux branches mères, c'est-à-dire les couper en *a*, pour obtenir de chaque côté avec les yeux A, A′, B, B′, C, C′, D, D′, quatre nouvelles branches, *fig.* 92.

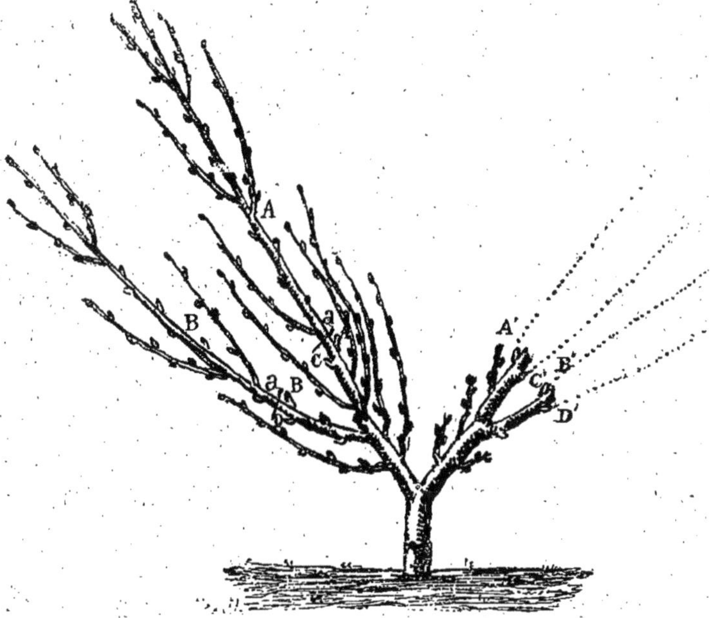

FIG. 92. — Résultat de la deuxième taille ;
avant la troisième, côté gauche ; après la troisième, côté droit.

Les branches A et A′ prolongent les branches mères, les branches B et B′ prolongent les premières secondaires inférieures.

Les branches C, C′, D et D′ forment, de chaque côté de l'arbre, deux nouvelles secondaires inférieures.

Quatrième Année.

Ouvrir le V davantage.

Prolonger les huit branches en les coupant à $0^m,75$ ou 1 mètre, ou même $1^m,25$, quand elles sont assez vigoureuses, soit en *a*.

En même temps faire développer sur les branches mères les

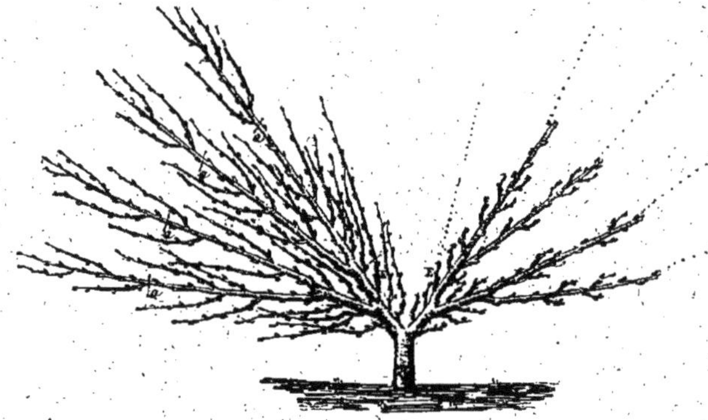

Fig. 93. — Côté droit : la taille est pratiquée.
Résultat obtenu : côté gauche.

petites branches E, E', pour former dans l'intérieur du V les premières secondaires supérieures qui doivent commencer à en combler le vide, *fig.* 93.

Cinquième Année.

Ouvrir complètement le V.

Continuer le prolongement des branches mères et des secondaires inférieures.

Tailler les nouvelles branches E, E' sur les yeux F et G pour les faire bifurquer.

En même temps faire développer sur les branches mères

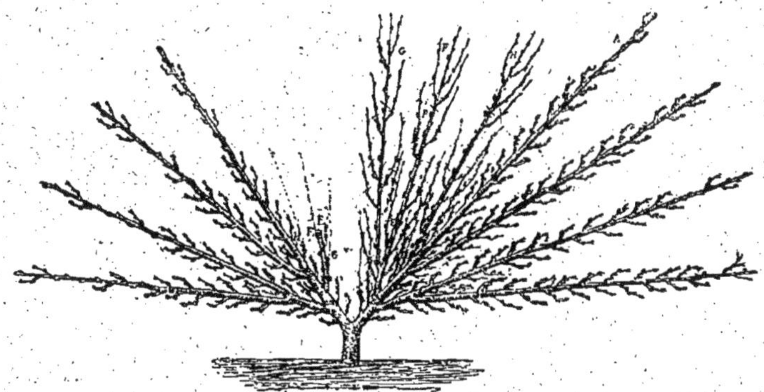

FIG. 94. — Côté gauche : la cinquième taille est pratiquée. — Côté droit : son résultat. Formation complète et commencement de la taille des branches charpentières.

les petites branches H qui, avec les yeux F et G développés, doivent former les six branches secondaires supérieures et compléter l'éventail, *fig.* 94.

L'arbre se trouvant ainsi formé, l'entretenir dans un parfait équilibre.

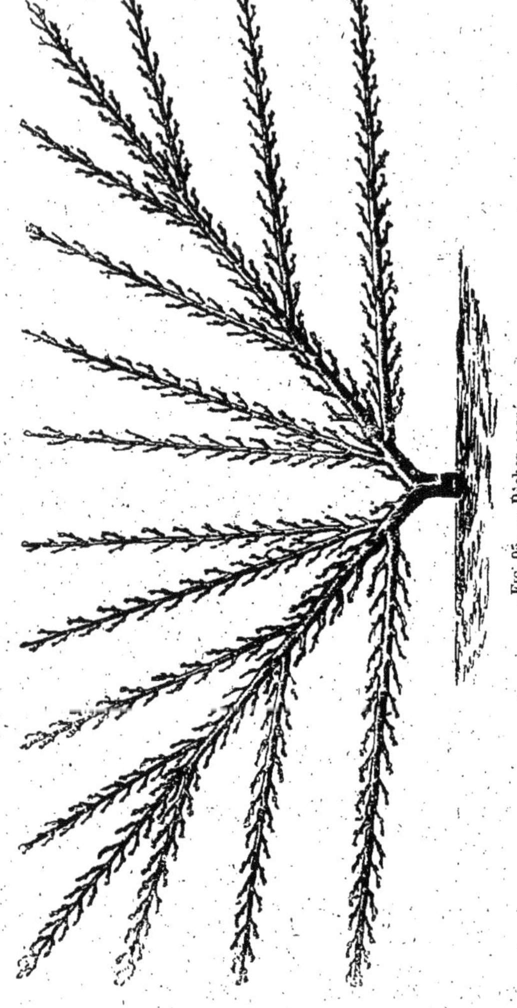

FIG. 95. — Pêcher carré.

FORME CARRÉE

Figure 95.

Cette forme très ancienne n'a dû son succès qu'à la renommée de son dernier propagateur, M. Lepère.

C'est une modification non avantageuse de la forme à la Montreuil.

La formation simultanée des branches secondaires supérieures apporte toujours une grande perturbation dans les secondaires inférieures.

Elle laisse aussi trop longtemps dégarni, par conséquent improductif, l'intérieur de l'arbre, et ce n'est qu'à la sixième année, quelquefois à la septième, que l'arbre est complètement formé.

En outre, la disposition des branches charpentières ne permet pas, dans les accidents, un remplacement aussi facile que dans la forme Montreuil ; ce qui est d'autant plus grave, que la perte d'une branche défigure l'arbre.

Tous ces défauts, du reste, ont été reconnus, ce qui est la cause de l'abandon dans lequel elle se trouve maintenant.

Dérivant complètement de la forme Montreuil, je ne la décris qu'après.

7

Première et deuxième Années.

Exactement comme pour la forme à la Montreuil. *Voir* pages 90, 91, 92, *fig.* 88, 89, 90, 91.

Troisième Année.

C'est là que commence la différence.

Au lieu de faire bifurquer les branches mères et les premières secondaires inférieures, on prolonge seulement celles-ci, et l'on

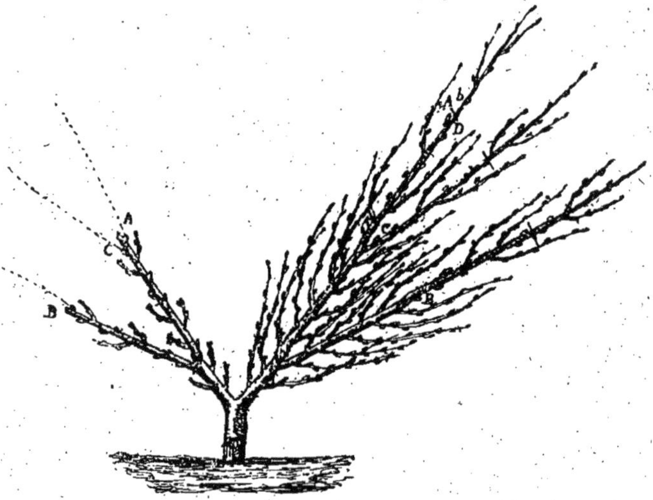

FIG. 96. — Côté gauche : taille de la troisième année. — Côté droit : son résultat.

taille les branches mères à 0^m,70 au-dessus des secondaires pour faire développer les yeux A et C, *fig.* 96, *côté gauche.*

L'œil A prolonge la branche mère, et l'œil C forme la deuxième secondaire inférieure, *fig.* 96, *côté droit.*

Tailler, suivant leur force, les premières secondaires B, B' afin de les prolonger.

Quatrième Année.

Couper les branches mères en *b*, pour faire développer les yeux A′ et D′.

L'œil A′ prolonge la branche mère, et l'œil D′ forme la troisième secondaire inférieure, *fig.* 97, *côté droit*.

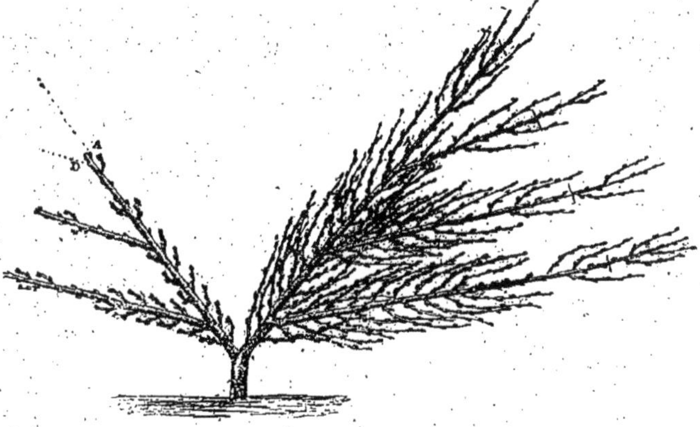

FIG. 97. — Côté gauche : taille de la quatrième année. — Côté droit : son résultat.

Pour le prolongement, tailler les autres secondaires inférieures suivant leur force.

Cinquième Année.

Ouvrir complètement le V.

Faire développer sur la branche A les petites branches EEE, pour former trois branches secondaires supérieures, tout en en modérant la sève pour ne pas apporter de perturbation dans les secondaires inférieures, *fig.* 98, *côté gauche.*

Avant d'ouvrir le V, si on ne trouvait pas les secondaires

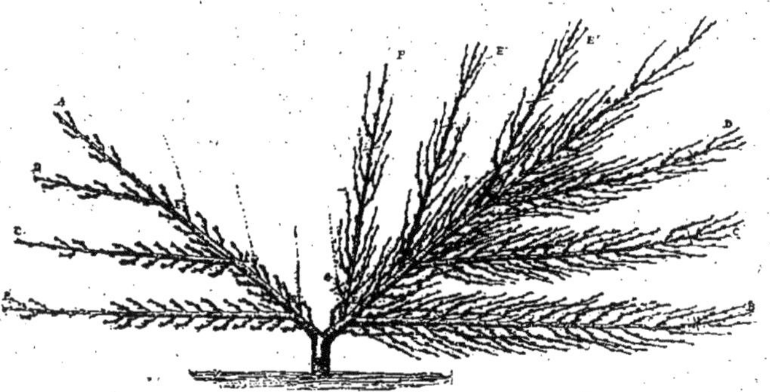

Fig. 98. — La cinquième taille est pratiquée sur le côté gauche et donne le résultat obtenu du côté droit.

inférieures assez vigoureuses, il faudrait les laisser se fortifier pendant la cinquième année, et n'obtenir les secondaires supérieures que l'année suivante.

Sixième Année.

Si l'arbre est bien vigoureux, on obtient sur les deux branches EE, placées au centre, deux quatrièmes secondaires supérieures.

Il faut alors abaisser proportionnellement toutes les branches sur les branches B, B′ et faire développer les yeux G, G ; un seul est indiqué, *côté droit, fig*. 98.

Voir la forme complète, *fig*. 95, page 96.

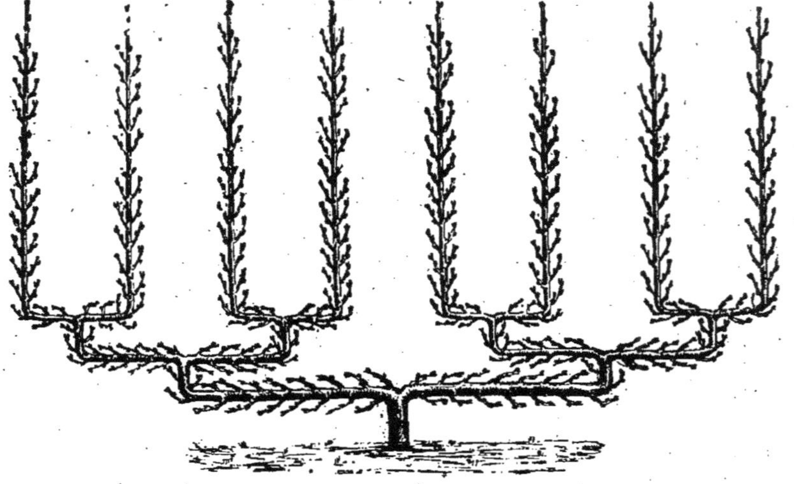

FIG. 99. — Forme équilibrante.

FORME ÉQUILIBRANTE

Figure 99.

La forme à la Montreuil, malgré tous ses avantages, offrant quelques difficultés pour l'équilibre de la sève, et les formes en U, dont l'équilibre est complet, ne permettant pas le développement nécessaire au Pêcher, il restait à en trouver une nouvelle plus parfaite.

Nous en avons imaginé une composée de huit bras verticaux, formant un U quatre fois répété, et représentant un vrai candélabre.

Cette division mathématique, donnant à tous les bras une disposition identique, équilibre parfaitement la répartition de la sève, dont le parcours est le même pour chacun des bras.

De là son nom de :

FORME ÉQUILIBRANTE

Très simple et rationnelle, elle exige une surveillance suivie pendant les trois premières années ; mais alors le résultat est complet.

Première Année.

Comme pour les formes en U double, en gril, tailler en *a*, faire développer les yeux A, A′ dans lesquels on concentre toute la sève, *fig*. 100.

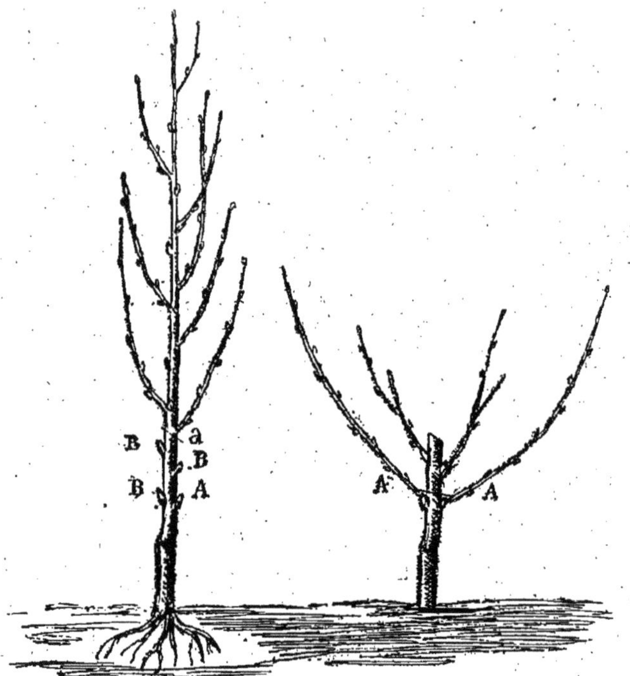

FIG. 100. — Première taille.   FIG. 101. — Développement des yeux.

Ouvrir considérablement, dès le début, les deux bourgeons obtenus, pour les amener promptement à l'horizontale, *fig*. 101. Quand ils sont assez longs, les redresser verticalement en *a*, soit à 1^m,40 du centre, *fig*. 102.

Deuxième Année.

Tailler les deux branches à $0^m,30$ au-dessus des angles a et a pour faire développer les yeux A, A et A', A', *fig.* 102.

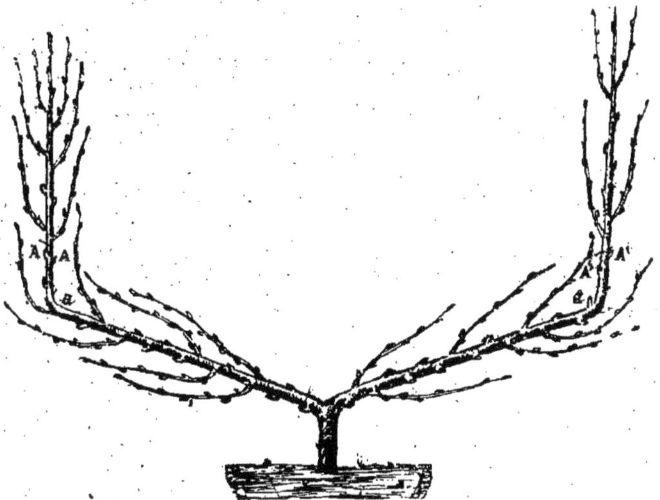

FIG. 102. — Résultat de la première taille.

Comme on a fait pour ceux de la première année, ouvrir les quatre bourgeons, pour les amener également à l'horizontale, et les redresser verticalement en b, soit à $0^m,70$ quand leur force le permet, *fig.* 103.

Troisième Année.

Tailler les quatre bras obtenus à 0^m^,30 au-dessus des angles b, b, b, b, pour faire développer les yeux B, B, B, B, B, B, B, B.

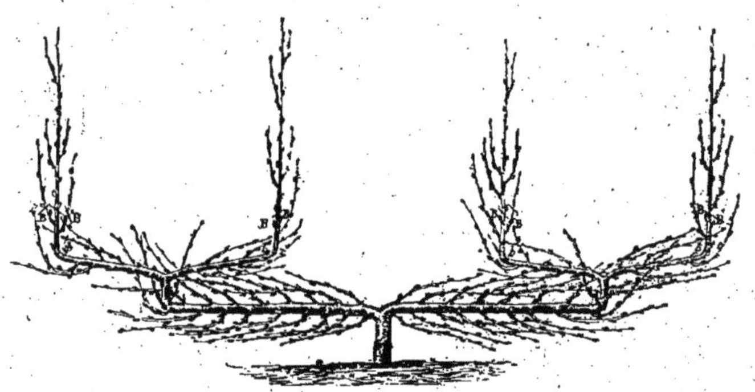

FIG. 108. — Résultat de la deuxième taille.

fig. 103. Les diriger d'abord horizontalement, puis les redresser en c, c, c, c, c', c', c', c', aussitôt que leur force le permet, pour former un U double de chaque côté de l'arbre, *fig.* 104.

Quatrième Année.

L'arbre dès lors est complètement formé. Il a huit cordons verticaux distants les uns des autres de 0ᵐ,70 et se trouvant

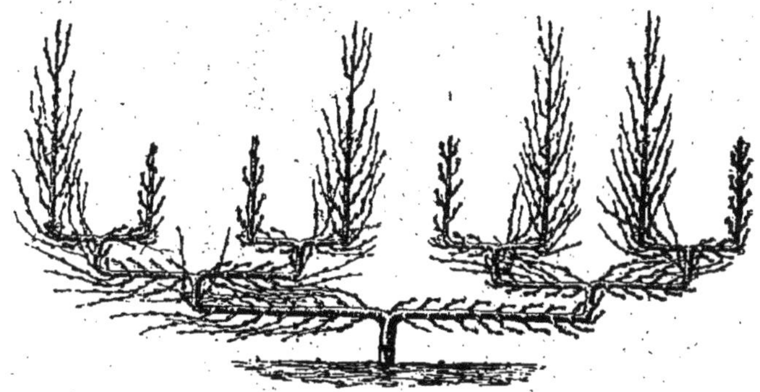

Fig. 104. — Résultat de la troisième taille. — La quatrième commencée.

naturellement équilibrés. Il n'y a donc plus qu'à maintenir cet équilibre et à tailler les bras pour le prolongement, *fig.* 104.

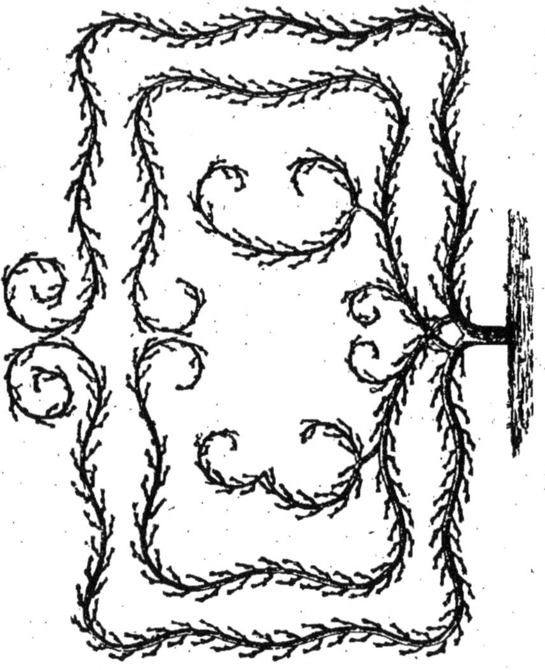

FIG. 105. — Forme armoriale.

FORME ARMORIALE

Figure 105.

Forme toute de fantaisie.

Elle n'a d'autre but que de montrer la docilité du Pêcher, auquel on peut donner une forme originale et gracieuse tout en restant rationnelle.

Elle est très facile à obtenir et flatte toujours son propriétaire, dont elle montre les armes ou les initiales encadrées et vivantes.

Première Année.

Tracer d'abord la forme sur le mur pour en faciliter la direction.

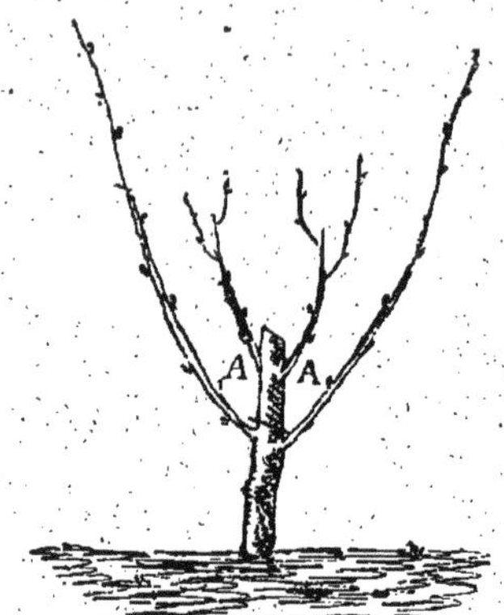

Fig. 106. — Développement des yeux A, A.

Deuxième Année.

Faire développer les yeux A, A, *fig.* 106, auxquels on fait suivre tout de suite le dessin tracé.

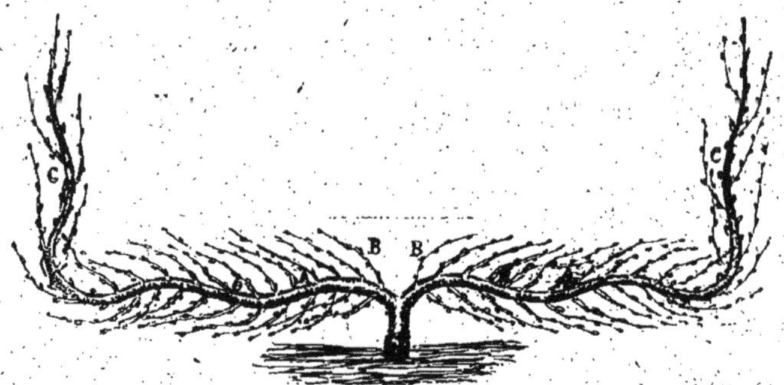

Fig. 107. — Prolongement du cordon formant l'extérieur du cadre.

Quand les branches arrivent aux points A, A, *fig.* 107, où elles doivent redescendre, ne leur faire suivre cette direction que lorsqu'elles sont assez longues pour atteindre les points *b*, *b*, où elles commencent à remonter, *fig*. 107.

Tailler, chaque année, les bras suivant leur force pour le développement des petites branches, et continuer le prolongement en suivant les contours de la forme.

Quand ces deux premiers bras arrivent en C, C, faire développer les petites branches B, B′ pour former l'intérieur du cadre, *fig*. 107.

Troisième et quatrième Années.

Dès que ces nouvelles branches sont assez vigoureuses,

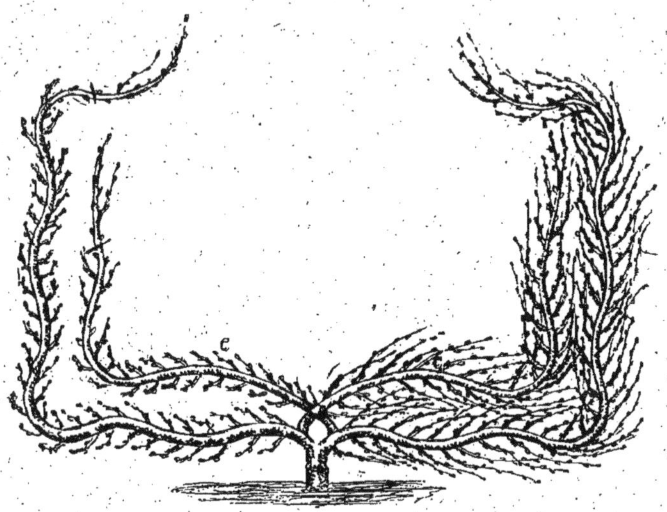

Fig. 108. — Continuation de l'extérieur du cadre et formation du cordon intérieur.

les renverser en les croisant, et leur faire suivre les contours voulus, *fig*. 108.

Enfin, quand les quatre bras sont près de se rejoindre au sommet, former les initiales avec les petites branches C, C', *fig.* 108, et continuer le prolongement de ces branches en suivant les contours qui doivent en modérer la sève, *fig.* 105, *page* 108.

QUATRIÈME PARTIE

SOINS A DONNER AU PÊCHER

Fumures et paillis.
Labours.
Binages.

MALADIES DU PÊCHER

La Gomme.
La Cloque.
Le Meunier ou Blanc.
Le Champignon.

INSECTES NUISIBLES ET ANIMAUX DESTRUCTEURS

Le Tigre ou Grise.
Le Tigre sur bois.
Les Punaises.
Les Pucerons.
Le Véro et les Chenilles.
Le Perce-oreille.
Les Limaces et Limaçons.
Les Loirs et les Lérots.
Les Mulots et les Campagnols.
La Taupe.

SOINS A DONNER AU PÊCHER

Fumures et paillis. — Il faut fumer les Pêchers tous les deux ou trois ans, au commencement de l'hiver.

A Montreuil, on emploie le plus souvent la gadoue ou boues de Paris, que l'on peut mélanger avec du fumier de cheval.

Si le sol est brûlant, on remplace le fumier de cheval par du fumier de vache.

La fumure doit couvrir toute la côtière, et avoir de $0^m,05$ à $0^m,08$ d'épaisseur.

L'épaisseur varie suivant la qualité de l'engrais.

Les autres années, il est bon, après les opérations de la taille et du labour, de couvrir les côtières d'un paillis qui les garantit contre la sécheresse, et empêche en même temps le tassement occasionné par les allées et venues continuelles que la culture du Pêcher nécessite journellement.

Labours. — Labourer les côtières chaque année, après le palissage en sec.

On se sert pour ce labour, qui n'a lieu que superficiellement, d'un crochet, *page* 15, *fig*. 13, dont les dents très effilées n'endommagent pas les racines comme le ferait la bêche.

Binages ou ratissages. — Entretenir les côtières dans un état constant de propreté. N'y planter aucun légume, et détruire les herbes, chaque fois qu'elles y poussent, à l'aide d'un outil appelé binette ou ratissoire, *page* 15, *fig*. 12.

De là le nom de binage ou de ratissage donné à cette opération, qu'on renouvelle jusqu'à trois, quatre et même cinq fois par an.

MALADIES DU PÊCHER

La gomme. — Cette maladie est à l'arbre ce que le coup de sang est aux animaux; car elle les frappe, presque subitement, en tout ou en partie.

On peut dire que ce sont des coups de sève, d'autant plus dangereux qu'on ne s'en aperçoit pas toujours aussitôt qu'il le faudrait.

Quand la maladie porte sur des petites branches, elle n'a pas de gravité. On les rabat sur un œil inférieur ou sur une autre branche saine. Mais, quand elle s'attaque à des branches charpentières ou à l'arbre entier, elle peut en entraîner la perte totale.

Il faut donc, dès qu'elle se manifeste par des taches sur l'écorce qui laisse suinter un liquide mucilagineux, attaquer avec la serpette la partie atteinte, en l'enlevant au vif, jusqu'à la partie saine, et recouvrir la plaie avec de l'onguent.

Si la maladie ne s'arrête pas, on continue d'enlever les nouvelles parties atteintes.

Il y a toujours possibilité d'enrayer le mal tant que la gomme n'a pas fait le tour de la branche malade. Après, il faut y renoncer.

La cloque. — Occasionnée par les pluies froides du printemps, la cloque boursoufle les feuilles et les fait ressembler à des feuilles de laitue.

Quand on ajoute au chaperon des auvents, on a peu à en

redouter les effets dans les expositions du couchant et du midi, et si on la rencontre à l'est, il est rare qu'elle y soit grave.

Cependant, quand elle existe, on enlève les parties boursou-flées qui se brisent facilement dans les mains, et on laisse subsister toutes les parties saines.

Le blanc ou meunier. — Ce sont des cryptogames qui envahissent les jeunes bourgeons, les feuilles et même les fruits.

On les rencontre principalement aux expositions du levant et, plutôt, sur les espèces Madelaine et Galande.

On combat cette maladie par la fleur de soufre dont on saupoudre les parties atteintes.

Le champignon. — Quand il envahit les racines d'un Pêcher, l'arbre meurt en pleine végétation. Il n'y a pas de remède. C'est le *Blanc des racines,* le Pourridié.

A la plantation, il faut donc veiller à ce qu'il n'y ait ni fumier enterré trop frais, ni fragments de vieilles racines qui peuvent l'occasionner.

INSECTES NUISIBLES

ET

ANIMAUX DESTRUCTEURS

Le tigre ou la grise, *fig.* 109. — C'est une multiplicité d'insectes, sorte d'araignées rouges, presque imperceptibles,

Fig. 109. — La Grise, acarus, très grossie.

qui, dans certaines années sèches, absorbent la sève des feuilles au point de les faire presque toutes tomber.

Quand cela arrive à ce point d'intensité, la récolte de l'année et celle de l'année suivante sont à peu près perdues.

Dès son apparition, combattre cette maladie avec la fleur de soufre.

Tigre sur bois. — C'est une autre espèce d'insectes. Ceux-ci sont parasites, et, comme le nom l'indique, on les rencontre sur l'écorce des vieux bois.

Ils sont grisâtres et de formes allongées et irrégulières.

Les détruire en hiver, en enduisant les arbres qui en sont atteints d'un mélange de potasse et de chaux.

Punaises. — Les punaises, sortes de cochenilles, sont de

FIG. 111.
Branches
envahies par
la punaise
oblongue.

FIG. 110. — Bois envahi par la punaise ronde.

deux espèces sur le Pêcher.

L'une, qui n'existe que sur le vieux bois, est ronde, *fig.* 110.

L'autre, qu'on ne voit que sur les feuilles et le bois de l'année, est oblongue, *fig.* 111 et 112.

On les détruit en brossant toutes les branches aussitôt après

Fig. 112. — Rameau envahi par la punaise oblongue.

la taille en sec, et, pour ne pas faire tomber les boutons en pratiquant cette opération, on brosse de bas en haut. On se sert de brosses de chiendent fin, pour les petites branches, et de chiendent plus gros, pour les branches charpentières.

Pucerons. — Le puceron est un insecte qui se propage avec tant d'intensité que, si on n'y portait pas remède, il pourrait détruire l'espalier.

Dès qu'on en aperçoit au printemps, quelquefois même à la fin de l'hiver, on le détruit, en lavant le pêcher avec une décoction de tabac et de lessive.

Quand l'arbre est en pleine végétation, on emploie les fumigations de tabac, ou encore des lavages d'eau ou de savon noir.

Le véro, les vers, les chenilles. — Le véro est une espèce de petite chenille qui, au printemps, roule les feuilles

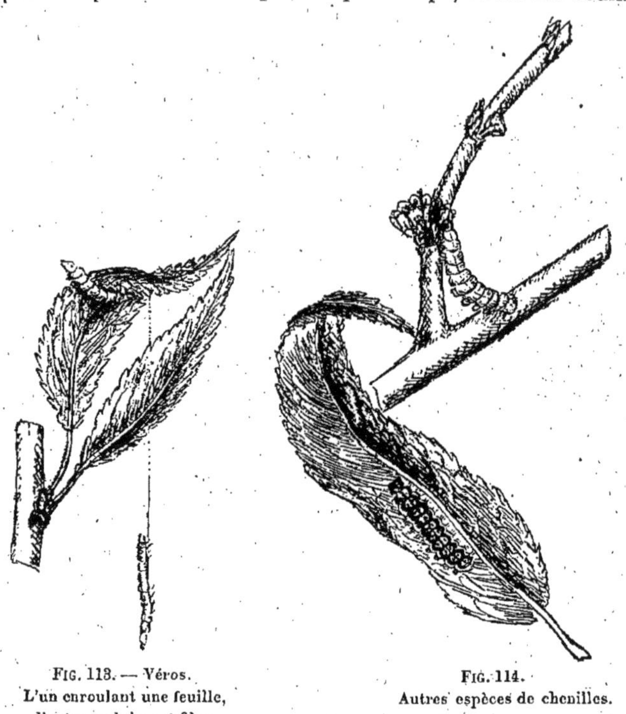

Fig. 113. — Véros.
L'un enroulant une feuille,
l'autre se laissant filer.

Fig. 114.
Autres espèces de chenilles.

des jeunes pousses dont elle se nourrit, et qui, parfois, coupe la pousse complètement, *fig.* 113.

Une autre espèce plus grosse mange les fleurs et les yeux de pousse, et se cache dans le jour derrière une loque ou derrière une branche, *fig.* 114. Il faut la chercher et la détruire.

Les limaçons, escargots et limaces, *fig.* 115,
116, 117, 118 et 119. — Tous s'attaquent aux fruits. On les

FIG. 115. — Limaçon.

FIG. 116.   FIG. 117.   FIG. 118.
Escargot. Escargot de vigne. Limace rouge.

FIG. 119. — Limace.   Limace grise.

écrase ou on les donne à manger aux volailles.
Les rechercher de grand matin, ou après la pluie.

Les perce-oreilles, *fig.* 120. — Les perce-oreilles
peuvent abîmer beaucoup de fruits. Il faut donc les détruire.

FIG. 120. — Forficule, perce-oreille.

On confectionne avec les bourgeons, provenant de la taille
en vert, des bouchons ou paquets que, dans le bas des arbres,
on place, de distance en distance, entre le mur et les branches.
Les perce-oreilles viennent s'y réfugier pendant le jour.
Il est donc facile de les y prendre. Cela se fait en passant
le matin avec un chaudron en cuivre huilé sur son bord
intérieur.
On pose le chaudron au pied du mur au-dessous de chaque

bouchon. On enlève prestement ces bouchons, et on les secoue dans le chaudron où tous les perce-oreilles tombent.

On se sert encore de petits pots dans le fond desquels on met de la mousse, des feuilles ou un morceau d'étoffe.

On pose ces pots renversés sur des piquets placés près des plantes à protéger. Quand ce sont des espaliers, on les accroche aux murs ; il y a même pour cela des pots spéciaux, percés d'un côté pour y laisser pénétrer le clou, et déprimés de ce même côté pour rétrécir l'évasement du pot et maintenir la mousse ou les feuilles introduites dans le fond.

On procède ensuite, pour les recueillir, comme pour ceux réfugiés dans les bouchons, et on les détruit en les submergeant avec de l'eau bouillante ou dans un mélange d'eau et d'acide sulfurique.

Les loirs et les lérots, *fig.* 121 et 122. — Les loirs et les lérots (sortes de rats qui restent complètement engourdis pendant l'hiver) causent des ravages considérables aux fruits

FIG. 121. — Le loir.   FIG. 122. — Le lérot.

dès qu'ils commencent à mûrir. Un seul de ces rongeurs peut abîmer dans une nuit sept, huit Pêches.

Il les attaque toutes sur le rouge, la partie la plus avancée en maturité et, par cela, la plus savoureuse. On peut croire qu'il les goûte, et, quand il en trouve une à sa convenance, il y fait une large brèche avant de passer à une autre.

On le détruit au fusil ou à l'aide de pièges à rats.

Il est facile à tirer. Il se montre à l'approche de la nuit, et, en le guettant, on le voit arriver sur le chaperon en explorant l'endroit où il veut descendre. D'un naturel peu sauvage, il se laisse approcher et s'arrête même pour regarder. C'est le moment de tirer.

Quant aux pièges, on les place sur son passage, amorcés avec du gruyère, du pain d'épice, du biscuit ou des figues sèches.

On en détruit aussi en plaçant au pied des murs et à fleur de terre des pots vernis, *fig*. 123, aplatis d'un côté pour que, tou-

FIG. 123. — Pot pour prendre les mulots, les courtilières, etc.

chant au mur, ils forment fossé. Il faut qu'ils soient assez profonds pour qu'à moitié pleins d'eau les loirs puissent s'y noyer.

Les mulots et campagnols, *fig*. 124 et 125. — Le

FIG. 124. — Le mulot.

mulot et le campagnol, autres sortes de rats des champs, de la grosseur d'une souris, également destructeurs de fruits et de jeunes pousses, périssent souvent aussi dans ces pots, où, du reste, beaucoup d'autres insectes, qui, comme eux, suivent le pied des murs, viennent tomber subrepticement.

Fig. 125. — Le campagnol.

Le mulot séjourne ordinairement dans les galeries creusées par les taupes.

La taupe, *fig.* 126. — Quant à la taupe, faut-il la détruire ? Je n'ose me prononcer.

Les nombreuses galeries qu'elle creuse pour chercher les

Fig. 126. — La taupe.

insectes dont elle se nourrit peuvent bouleverser des plantes et parfois éventer des racines d'arbres ; mais la destruction considérable qu'elle fait des vers blancs, des lombrics et autres compense largement le tort qu'elle peut occasionner.

FIN

TABLE DES MATIÈRES

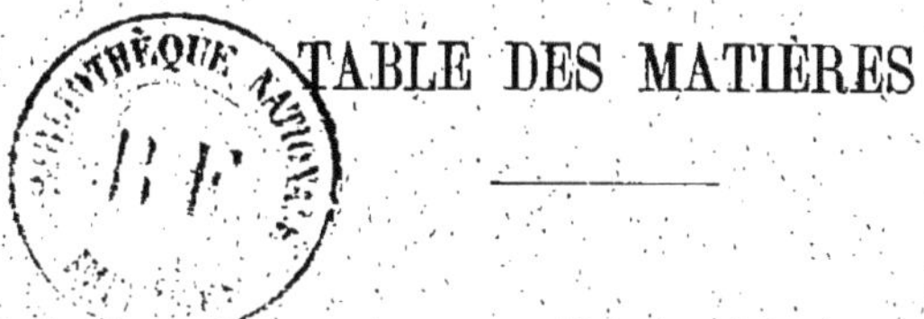

TROISIÈME PARTIE

QUATRIÈME PARTIE

Paris. — Imp. E. Capiomont et Cie, rue de Seine, 57.